AngularJS 开发秘籍

[美]　Brad Dayley　著
王肖峰　郑　凯　译

清华大学出版社
北　京

北京市版权局著作权合同登记号 图字：01-2015-2183

图书在版编目(CIP)数据

AngularJS 开发秘籍/(美) 戴利(Dayley, B.) 著；王肖峰，郑凯 译. —北京：清华大学出版社，2015
书名原文：Learning AngularJS
ISBN 978-7-302-40367-8

Ⅰ. ①A… Ⅱ. ①戴… ②王… ③郑… Ⅲ. ①超文本标记语言—程序设计 Ⅳ. ①TP312

中国版本图书馆 CIP 数据核字(2015)第 114502 号

责任编辑：王 军 韩宏志
封面设计：牛艳敏
版式设计：思创景点
责任校对：邱晓玉
责任印制：宋 林

出版发行：清华大学出版社
网 址：http://www.tup.com.cn，http://www.wqbook.com
地 址：北京清华大学学研大厦 A 座 **邮 编：**100084
社 总 机：010-62770175 **邮 购：**010-62786544
投稿与读者服务：010-62776969，c-service@tup.tsinghua.edu.cn
质 量 反 馈：010-62772015，zhiliang@tup.tsinghua.edu.cn
印 装 者：清华大学印刷厂
经 销：全国新华书店
开 本：185mm×260mm **印 张：**12.5 **字 数：**312 千字
版 次：2015 年 7 月第 1 版 **印 次：**2015 年 7 月第 1 次印刷
印 数：1～3500
定 价：49.80 元

产品编号：062458-01

译 者 序

AngularJS 是由 Google 开发的 JavaScript 客户端框架，它通过 MVC 框架帮助开发者设计优良的 Web 页面和应用。它提供了用于处理浏览器中用户输入、操作客户端数据和控制浏览器视图中元素显示的所有功能。它还具有扩展 HTML 的能力，通过使用指令可以动态地声明页面内容。正是它的这些优点，使它自诞生以来迅速成为 Web 开发领域的新宠，甚至被誉为 Web 开发世界中最激动人心的创新技术之一。

本书将由浅入深地讲解 AngularJS 的各种细节，各章依次讨论 AngularJS 的依赖注入、数据模型、模板、指令、事件处理、服务等特性，并且通过各种示例演示这些特性的用法。本书最后一章提供了一个实际示例，演示如何使用 AngularJS 机制构建富交互应用。此外，还为不熟悉 JavaScript 的开发者提供了一章内容，用于讲解 JavaScript 的基础知识，帮助他们快速地开始本书的学习。因此，无论是经验丰富的开发者，还是刚刚入门的初学者都可以在其中找到有用的信息。不得不说，这是一本 AngularJS 方面不可多得的精品之作。

我非常开心自己能够负责本书的翻译工作。通过这个过程，不仅可为大家带来一本真正的 AngularJS 开发秘籍，帮助你们快速掌握这门新技术，也可以让自己加深对 AngularJS 的理解。

最后，感谢清华大学出版社的编辑们为本书付出的心血。同样感谢妻子对我翻译工作的支持和鼓励。没有你们的支持和鼓励，本书就不可能顺利出版。

对于这本经典之作，译者对本书进行了详细的阅读，对其中一些具有争议的地方也进行了反复的考证，但个人精力有限，难免有疏漏之处，敬请各位读者谅解。如有任何意见或建议，请不吝指正。本书全部章节由王肖峰翻译，参与翻译活动的还有郑凯、杜欣、高国一、孙其淳、孙绍辰、徐保科、尤大鹏、张立红、邓伟、王蕊、王小红、马宁宁。

最后，希望各位读者能够早日掌握强大的 AngularJS 特性，轻松构建出设计优良的 Web 应用。

作者简介

Brad Dayley是一位具有20多年企业应用和Web界面开发经验的高级软件工程师。他对新技术抱有极大的热情，尤其是那些对软件工业造成巨大影响的技术。他已经使用JavaScript、jQuery和AngularJS多年，也是*Node.js*、*MongoDB and AngularJS Web Development*、*jQuery and JavaScript Phrasebook*和*Teach Yourself jQuery and JavaScript in 24 Hours*等书籍的作者。他设计并实现了大量应用和服务(从应用服务器到复杂的Web 2.0界面)。他也是*Teach Yourself MongoDB in 24 Hours*、*Python Developer's Phrasebook*和*Teach Yourself Django in 24 Hours*等书籍的作者。

致　谢

我希望使用本页内容来感谢所有帮助我完成本书的朋友们。首先要感谢贤惠的妻子给予的鼓励、爱以及支持。没有你，我永远无法完成本书。另外，我要感谢本书编写过程中，所有帮助我的朋友。感谢Mark Taber指导我正确地完成本书的编写，感谢Cheri Clark和Katie Matejka帮助我将技术随笔转变为可读的文本，感谢Jesse Smith使我的思路保持清晰和准确，感谢Elaine Wiley帮助管理这个项目并保证本书终稿拥有最佳的质量。

前　言

欢迎阅读《AngularJS开发秘籍》。本书将带你进入AngularJS领域，帮助你学习如何使用AngularJS构建高度可交互并且结构良好的Web应用。本书涵盖AngularJS框架的基础知识，以及如何使用它为Web应用构建出设计良好、可重用的组件。AngularJS是Web开发领域中出现的最令人兴奋的创新技术之一。

本前言将涵盖下面的内容：

- 本书读者对象
- 应该阅读本书的原因
- 通过阅读本书可以完成的任务
- AngularJS 是什么以及它成为一项优秀技术的原因
- 本书内容安排
- 示例代码的位置

接下来让我们进入正题。

本书读者对象

本书面向已经具有HTML基础知识，并且已经使用现代编程语言完成了一些编程工作的开发者。了解JavaScript和jQuery技术的读者会更容易理解本书，但本书并不要求读者必须掌握JavaScript基础知识。

应该阅读本书的原因

本书将讲解如何创建强大的、可交互的Web应用，而且这些应用将具有良好的结构和易于重用的代码库(它们也易于维护)。AngularJS的一个卓越特性是：它将通过坚持使用底层结构和设计的方式，最终强制你成为一位更优秀的Web开发者。

本书的典型读者通常希望掌握AngularJS相关知识，用于构建高度可交互的Web应用。他们也将希望使用AngularJS的革新MVC方式实现设计和结构良好的Web页面及应用。总的来说，AngularJS提供了一种易于实现、完全集成的Web开发平台，通过它我们可以实现强大的Web 2.0应用。

通过本书可以学到的知识

通过阅读本书，你将学会如何构建现实世界中的动态网站和Web应用。网站已经不再是由集成图片和格式化文本的HTML页面组成的简单静态内容。相反，网站变得更加动态，单个页面通常可以用作整个网站或者应用。

使用AngularJS技术，我们可以直接在Web页面中构建逻辑(将客户端Web应用的数据模型绑定到后端服务和数据库)。通过AngularJS，我们还可以轻松地扩展HTML的功能，这样HTML模板文件中就可以轻松地表达出UI设计逻辑。下面是我们在阅读本书时将学到的一些知识：

- 如何使用内置指令快速地构建 AngularJS 模板，用于增强用户体验
- 如何将 UI 元素绑定到元素模型，使模型改变的同时 UI 随之改变，反之亦然
- 如何将鼠标和键盘事件直接绑定到数据模型和后端功能，用于提供强大的用户交互
- 如何定义自定义 AngularJS 指令，用于扩展 HTML 语言
- 如何实现可以与 Web 服务器交互的客户端服务
- 如何构建提供丰富用户交互的动态浏览器视图
- 如何创建可以轻松在其他 AngularJS 应用中重用的自定义服务
- 如何通过自定义 AngularJS 指令实现富 UI 组件，如可缩放的图像和可扩展列表

AngularJS

AngularJS是由Google开发的一个客户端框架。它是由JavaScript编写的，采用的是jQuery库的一个简化版本：jQuery Lite。AngularJS背后的理念是：提供一个框架，它可以使用MVC框架帮助开发者实现设计良好、结构良好的Web页面和应用。

AngularJS提供了用于处理浏览器中用户输入、操作客户端数据和控制浏览器视图中元素显示的所有功能。下面是AngularJS具有的一些优点。

- **数据绑定**：AngularJS 有一个非常清晰的方法，可以使用它强大的作用域机制将数据绑定到 HTML 元素。
- **可扩展性**：通过 AngularJS 架构可以轻松地扩展语言的(几乎)所有方面，从而提供自己的自定义实现。
- **清晰**：AngularJS 强迫你编写清晰、有逻辑的代码。
- **可重用的代码**：结合可扩展性和清晰的代码，使用 AngularJS 可以轻松编写出可重用的代码。实际上，当创建自定义服务时，该语言将强制你这样做。
- **支持**：Google 在该项目上投入很大，因此当其他类似的项目失败时，AngularJS 成功地坚持了下来。
- **兼容性**：AngularJS 是基于 JavaScript 编写的，与 jQuery 有着紧密的关系。因此，在环境中集成 AngularJS，并在 AngularJS 框架的结构中重用现有代码将变得更加容易。

本书内容安排

本书分为11章和一个附录。

第1章提供一些JavaScript基础知识，有助于你熟悉JavaScript语言。该章还讲解使用Node.js服务器创建开发环境的过程，在接下来的某些示例中我们将使用该开发环境。即使你已经熟悉JavaScript，至少也应该查看开头的几节，帮助你了解如何创建开发环境。

第2章涵盖AngularJS框架的基础知识。我们将学习AngularJS的组织方式和如何设计AngularJS应用。

第3章涵盖AngularJS应用的基本结构。我们将学习如何定义模块以及AngularJS中依赖注入的工作方式。

第4章涵盖数据模型(在AngularJS中称为作用域)和其他AngularJS组件的关系。我们将学习作用域层次结构是如何工作的。

第5章涵盖AngularJS模板的结构。我们将学习如何在模板中添加元素(反映模型中的数据)，以及如何使用筛选器自动地格式化元素，因为它们将被渲染到浏览器视图中。

第6章涵盖内置的AngularJS指令。你将会学到如何通过多种方式实现指令，从将简单JavaScript数组转换成多个HTML元素，到将Web页面中的元素直接绑定到作用域模型中。你还将学会如何在控制器中处理鼠标和键盘事件。

第7章涵盖自定义AngularJS指令的创建。你将学到如何构建可以增强现有HTML元素的指令，以及如何创建为用户提供更佳交互性的全新HTML元素。

第8章涵盖你将会遇到的事件类型以及如何管理它们。你将会学习如何创建和处理自定义事件。该章也涵盖如何监视作用域模型中的值，并在它们发生改变时进行处理。

第9章涵盖AngularJS提供的内置服务。通过这些服务，你可以使用HTTP请求与Web服务器进行通信、与浏览器进行交互，并在Web页面中实现动画元素。

第10章涵盖如何使用AngularJS中可用的技术创建自定义服务。自定义服务是使功能可重用的一种优秀方式，因为我们可以将自定义服务提供的功能注入多个应用中。

第11章涵盖如何使用AngularJS机制构建富交互页面元素。该章大致可以作为其他所有章节的一个回顾。你将会学习如何使用AngularJS构建可展开/可折叠元素、拖放功能、可缩放图像、标签面板和星级评定。

附录A讨论AngularJS中的单元测试和端到端测试。该附录提供设计测试时的一些简单忠告，还提供额外资源的一些链接。

获取示例代码

在本书中，你将会在列表块中找到示例代码。列表块的标题中包含含有源代码的文件的名称。你可以访问GitHub上示例中的源代码文件和图片。

可以访问www.informit.com/register网站注册信息，从而方便地访问本书的任何更新信息、下载内容和勘误信息。

还可以访问www.tupwk.com.cn/downpage，输入本书的书名或者ISBN，下载源代码文件。

结束语

我希望你能像我一样享受对本书和AngularJS的学习。它是一项卓越的、新颖的技术，使用时也非常有趣。很快你就可以加入到许多其他使用AngularJS构建交互性网站和Web应用的开发者中。

目　　录

第 1 章

学习 JavaScript

AngularJS依赖于JavaScript和jQuery的一个轻量级版本(jQuery Lite)，通过它们来提供客户端应用逻辑。因此，在开始进入Angular领域之前，你至少需要对JavaScript有一些基本了解。本章有两个目的：帮助你创建开发环境，帮助你了解JavaScript语言的基础知识。

本章第一节将讨论创建JavaScript开发环境必需的基本知识。即使你已经熟悉了JavaScript并创建了开发环境，至少也应该快速浏览一下该节内容。该节内容将讨论如何在该环境中使用Node.js，这在后续章节中是非常重要的，因为它们将使用Node.js提供服务器端脚本。

本章剩余的部分将帮助你熟悉JavaScript的一些语言基础，例如变量、函数和对象。它并不希望作为一个完整的语言指南，而是希望介绍重要语法和术语。如果不熟悉JavaScript，那么通过本章的学习至少将帮助你理解本书剩余部分中的示例。如果已经非常熟悉JavaScript，那么可以跳过这些小节，或者作为初学者回顾它们。

1.1 使用 Node.js 创建 JavaScript 开发环境

创建JavaScript开发环境有许多方式，所以我们很难只专注于使用某一种方式。最好的集成开发环境(IDE)至少提供一些轻松创建JavaScript开发环境的功能。所以如果有一个喜爱的IDE，那么你应该检查它所具有的JavaScript功能。

为高效地使用JavaScript构建AngularJS应用，你的开发环境需要包含下面的组件。

- **编辑器**：通过编辑器可以创建构建 AngularJS 应用所需的 JavaScript、HTML 和 CSS 文件。现在有许多可用的编辑器，所以挑选你熟悉的一个即可。我通常选择使用 Eclipse，因为它拥有我需要的所有功能。
- **Web 服务器**：Web 服务器需要具有提供静态 HTML、CSS 和 JavaScript 文件的功能，以及至少提供一些服务器端脚本处理来自 AngularJS 应用的 HTTP 请求的功能。对于最基本的设置，可将 Web 服务器运行在开发机器上。
- **浏览器**：你需要的最后一个组件是 Web 浏览器，用于测试和尝试你的应用。对于 JavaScript 和 AngularJS 应用的大部分功能，它们在主流浏览器中的表现是相同的。

不过，也有一些功能在主流浏览器中表现出不同的行为。因此最好在客户将会使用的主流浏览器中测试你的应用，从而保证它可以在所有浏览器中可以正常工作。

为了创建开发环境，首先需要在你最喜爱的编辑器中挑选一个支持JavaScript、HTML和CSS的编辑器。然后选择一个优秀的Web浏览器。对于本书，我将使用Eclipse和Chrome作为编辑器和浏览器(不过，本书的示例在Firefox和新版的Internet Explorer中也可以正常工作)。

最后，你需要搭建一个Web服务器。我曾考虑使用一些类似于XAMPP(提供一个Apache Web服务器)的软件集成包，或者使用特定IDE的功能，但最后我选择了使用Express的Node.js。我做出这个选择有几个原因。第一个原因是：Node.js很酷，而且我认为所有开发JavaScript应用的开发者至少都应该了解它。第二个原因是：Node.js的创建和运行是非常简单的，你很快会看到这一点。第三个原因是：对于JavaScript初学者，与使用Web服务器和浏览器相比，使用Node.js会更简单。

1.1.1 创建 Node.js

Node.js是一个基于Google Chrome的V8引擎的JavaScript平台，通过它我们可以在Web浏览器之外运行JavaScript应用。它是一个极其强大的工具，但本书只会讲解将它用作Web服务器的基础知识，用于支持AngularJS应用示例。

要安装和使用Node.js，需要执行下面的步骤。

(1) 访问http://nodejs.org并单击INSTALL。这将会下载一个可安装包到系统中。对于Windows系统，你将会得到一个.MSI文件；对于Mac系统，你将会得到一个.PKG文件；对于Linux系统，你将会得到一个.tar.gz文件。

(2) 安装已下载的包。对于Windows和Mac系统，简单地安装该包文件即可。对于Linux系统，请访问下面的位置获得指令，或者使用包管理器安装该文件。

https://github.com/joyent/node/wiki/Installing-Node.js-via-package-manager

(3) 打开一个终端或者控制台窗口。

(4) 输入node启动Node.js的JavaScript shell，你将看到一个“>”提示符。Node.js shell提供在底层JavaScript引擎中直接执行JavaScript命令的功能。

(5) 如果找不到node应用，你需要将node二进制目录的路径添加到开发系统的PATH系统变量中(这个过程在不同的平台中是不同的)。在Mac和Linux系统中，该二进制目录的路径通常是/usr/local/bin/。在Windows系统中，二进制目录将为<install>/bin文件夹，此时<install>是在安装过程中指定的位置。

(6) 然后你将看到“>”提示符。输入下面的命令并验证Hello是否输出到了屏幕中：

```
console.log("Hello");
```

(7) 使用下面的命令退出Node.js提示符：

```
process.exit();
```

现在你已经成功地安装了Node.js，并完成了对它的配置。

1.1.2　使用 Node.js 运行 JavaScript

我喜欢Node.js的一个原因是：使用Node.js运行和测试JavaScript代码非常容易。通过使用Node.js，你可以在不使用Web浏览器和Web服务器的情况下，轻松对函数和代码片段进行测试，从而加速应用开发。使用Node.js运行JavaScript代码有两种主要方式。

使用Node.js运行JavaScript的第一种方式是：在Node.js shell中直接输入JavaScript代码。在之前的小节中，我们在屏幕中输出Hello时采用的就是这种方式。需要注意的是：在Node.js shell中执行命令时，这些命令的结果也将显示在输出中。如果正在执行的语句不返回结果，那么将会显示出单词undefined。这就是Hello之后还出现单词undefined的原因。

使用Node.js运行JavaScript的第二种方式是：创建一个JavaScript文件，然后从控制台提示符中执行它。例如，可以创建一个名为hello.js的文件，并在其中添加下面的内容：

```
console.log("Hello");
```

然后使用下面的命令从控制台提示符中运行该JavaScript文件：

```
node hello.js
```

该命令将假设hello.js文件就在控制台的当前目录中。如果JavaScript文件在另一个位置，就需要指定该文件的路径。例如：

```
node path_to_file/hello.js
```

使用Node.js运行JavaScript的最后一种方式是：在Node.js shell或者正在命令行中执行的JavaScript文件中使用require()方法。require()方法将加载并执行JavaScript文件。通过它可以从外部JavaScript文件中导入特定的功能。例如：

```
require("path_tofile/hello.js");
```

1.1.3　使用 Node.js 创建 Express Web 服务器

使用Node.js作为AngularJS开发Web服务器的最佳方式是：使用Express模块。Node.js是一个非常模块化的平台，这意味着Node.js自身提供了一个非常高效的、可扩展的框架，以及可以满足大多数所需功能的外部模块。因此，Node.js提供了一个非常优雅的接口，用于添加和管理这些外部模块。

Express是其中的一个模块。Express模块提供了一个易于实现的Web服务器，但提供了丰富的功能集，如静态文件、路由、cookie、请求解析和错误处理。

解释Node.js模块和Express的最简单方式就是：使用Node.js和Eclipse构建自己的Web服务器。在下面的练习中，我们将构建一个Node.js/Express Web服务器，并使用它提供静态HTML、CSS和图像文件。该练习将帮助你熟悉完成本书剩余示例所需的基础知识。

注意：

本练习和本书所有示例使用到的图像与代码文件可以从 Github 中的代码归档中下载。

请使用下面的步骤构建和测试Node.js/Express Web服务器(可以支持静态文件和服务器端脚本)。

(1) 创建项目文件夹，用于保存本书的所有示例。

(2) 在控制台提示符中，浏览到该项目文件夹，并执行下面的命令。该命令将把Node.js 的Express模块版本4.6.1安装到一个名为node_modules的子文件夹中：

```
npm install express@4.6.1
```

(3) 现在执行下面的命令安装Node.js的正文分析器模块。通过该模块可以解析HTTP GET和POST请求的查询参数与正文。该命令将把Node.js的正文分析器模块版本1.6.5安装到一个名为node_modules的子文件夹中。

```
npm install body-parser@1.6.5
```

(4) 在项目的根目录中创建一个名为server.js的文件，将代码清单1-1的内容添加到其中并保存。

(5) 在项目区域中创建一个名为ch01/welcome.html的HTML文件，将代码清单1-2中的内容添加到其中并保存该文件。

(6) 在项目区域中创建一个名为ch01/css/welcome.css的文件，将代码清单1-3中的内容添加到其中并保存该文件。

(7) 将本书的代码归档中/images文件夹中的welcome.png文件复制到项目区域的images/welcome.png，或者替换为自己的welcome.png文件。

(8) 从项目文件夹中的控制器提示符开始，使用下面的命令启动Node.js/Express服务器：

```
node server.js
```

(9) 在Web浏览器中输入下面的地址访问服务器。最终Web页面将如图1-1所示。

```
localhost/ch01/welcome.html
```

代码清单 1-1：server.js——创建基本的 Node.js/Express Web 服务器

```
01 var express = require('express');
02 var app = express();
03 app.use('/', express.static('./'));
04 app.listen(80);
```

代码清单 1-2：welcome.html——实现欢迎 Web 页面，用于测试 Node.js/Express Web 服务器

```
01 <!DOCTYPE html>
02 <html>
03   <head>
04     <title>Welcome</title>
05     <link rel="stylesheet" type="text/css" href="css/welcome.css">
06   </head>
07   <body>
08     <img src="images/welcome.png">
09     <p>Welcome to Learning AngularJS. Over the course of
```

```
10        of this book you will get a chance to delve into
11        the basics of building AngularJS applications. Enjoy!</p>
12   </body>
13 </html>
```

代码清单 1-3：welcome.css——为欢迎 Web 页面添加静态 CSS 文件

```
01 p {
02     color: red;
03   border: 3px ridge blue;
04   padding: 10px;
05   width: 600px; }
06 img {
07     width: 600px; }
```

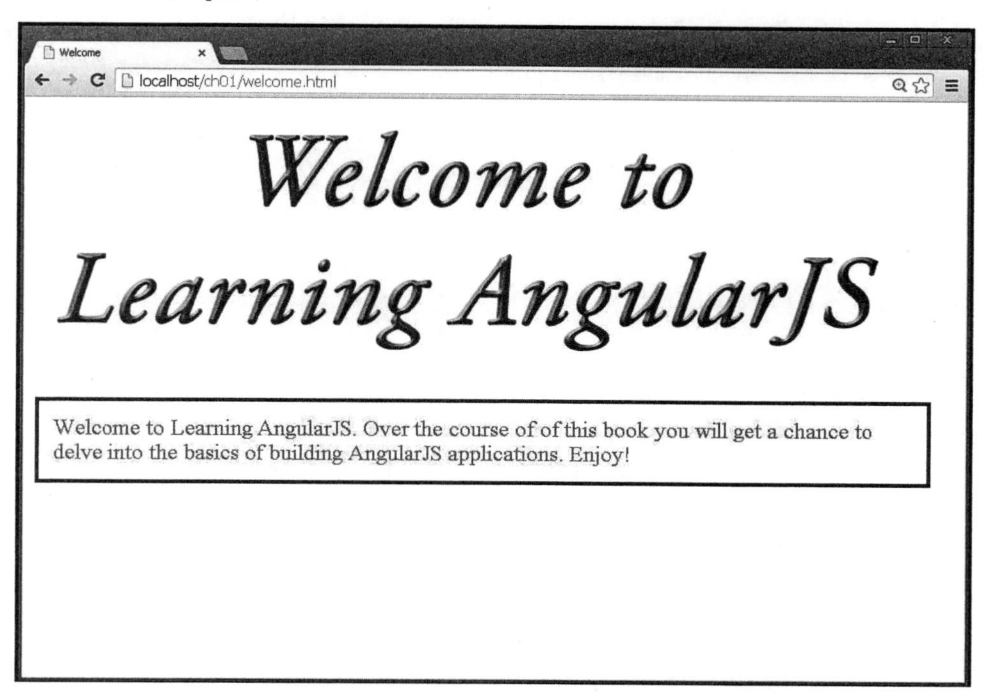

图 1-1　在浏览器中加载 Node.js/Express Web 服务器的静态文件

到目前为止，你已经实现了一个基本的Node.js/Express Web服务器，创建了静态内容，然后从浏览器中加载该静态内容。这是开发和测试AngularJS应用所需的主要能力。关于Node.js和Express，还有许多内容可以讲解，但这些内容都超出了本书的范围，所以这里并未进行讲解。如果对Node.js和Express感兴趣，那么我建议你阅读*Node.js, MongoDB and AngularJS Web Development*一书。

此时你有两个选择。如果是一个JavaScript专家，那么可以跳过本章剩余的内容，因为它只是对JavaScript语言的一些基础知识进行了复习。如果不熟悉JavaScript，那么请继续阅读，欢迎你学习JavaScript语言。

1.2 定义变量

在JavaScript中，我们将使用变量临时存储和访问JavaScript文件中的数据。变量可以指向基本对象类型，例如数字或者字符串，也可以指向更复杂的对象，例如数组。

要在JavaScript中定义变量，需要使用var关键字，然后为变量指定一个名字，如下面的示例所示：

```
var myData;
```

还可以在同一行中将值赋给变量。例如，下面的代码将创建一个变量myString，并将值"Some Text"赋给它：

```
var myString = "Some Text";
```

该行内容完成了下面两行代码实现的功能：

```
var myString;
myString = "Some Text";
```

在声明了变量之后，可以使用它的名字将一个值赋给变量，并且可以访问该变量值。例如，下面的代码将把字符串存储到变量myString中，然后再将值赋给newString变量时使用它：

```
var myString = "Some Text";
var newString = myString + " Some More Text";
```

应该为变量赋予一个具有描述性的名字，这样之后我们就可以迅速地知道它们存储的数据，并在程序中更加轻松地使用它们。变量名必须以字母、$或者_开头，并且不能包含空格。另外，变量名是区分大小写的，所以myString不同于MyString。

1.3 了解 JavaScript 数据类型

JavaScript将使用数据类型决定如何处理赋予变量的值。变量类型将决定可以在变量上执行的操作，例如循环或者执行。下面的列表描述本书中最常用的变量类型。

- **字符串**：该数据类型将把字符数据另存为字符串。字符数据由单引号或者双引号指定。所有包含在引号中的数据都将被赋给字符串变量。例如：

  ```
  var myString = 'Some Text';
  var anotherString = 'Some More Text';
  ```

- **数字**：该数据类型将把数据另存为数值。数字类型在计数、计算和比较中非常有用。下面是一些示例：

  ```
  var myInteger = 1;
  var cost = 1.33;
  ```

- **布尔型**：该数据类型将存储单个位数据，要么为 true 要么为 false。布尔类型通常用作标志。例如，你可能在某些代码的开始将变量设置为 false，然后在结束时检查它的值，从而判断代码执行是否命中了特定的点。下面的示例定义了一个 true 和一个 false 变量：

```
var yes = true;
var no = false;
```

- **数组**：索引数组是一系列独立的不同数据项，所有数据都存储在单个变量名下。数组中的每个数据项都可以通过基于 0 的索引使用 array[index]进行访问。下面的示例将创建一个简单数组，然后访问第一个元素(索引为 0)：

```
var arr = [ "one", "two", "three"] ;
var first = arr[ 0] ;
```

- **对象字面量**：JavaScript 支持对象字面量的创建和使用，类似于 Java、C#和 Python 中的词典。当使用对象字面量时，可以通过使用 object.property 语法访问对象中的值和函数。下面的示例展示了如何创建和访问对象字面量中的属性：

```
var obj = { "name": "Brad", "occupation": "Hacker", "age": "Unknown"} ;
var name = obj.name;
```

- **null**：有时变量中并未存储值，因为尚未创建它或者不再使用它了。此时，可以将变量设置为 null。与将变量设置为 0 或者空字符串(" ")相比，使用 null 更好，因为那些值对于变量可能是有效值。通过将 null 赋给变量，可以不给变量赋值，并在代码中检查变量是否为 null，如下面的代码所示：

```
var newVar = null;
```

注意：

JavaScript 是一门隐式类型语言。不需要在脚本中指定变量的类型。解释器将自动分析出变量的正确数据类型。另外，可以将一种类型的值赋给另一种类型的变量。例如，下面的代码定义一个字符串变量，然后将一个整数类型值赋给它：

```
var id = "testID";
id = 1;
```

1.4　使用运算符

通过使用JavaScript运算符可以修改变量值。我们已经熟悉了如何使用“=”运算符将值赋给变量。JavaScript提供了几个不同的运算符，它们分为两类：算术运算符和赋值运算符。

1.4.1　算术运算符

我们将使用算术运算符在变量和直接的值之间执行操作。表1-1展示了一个算术运算符列表，以及使用它们获得的结果。

表 1-1　JavaScript 的算术运算符以及对应的结果(y 的初始值为 4)

运　算　符	说　　明	示　　例	结　果　x
+	x=y+5	9	
		x=y+"5"	"45"
		x="Four"+y+"4"	"Four44"
-	减	x=y-2	2
++	递增	x=y++	4
		x=++y	5
--	递减	x=y--	4
		x=--y	3
*	乘	x=y*4	16
/	除	x=10/y	2.5
%	取模(除法的余数)	x=y%3	1

注意：

也可以使用“+”运算符添加字符串或者将字符串和数字添加到一起。通过这种方式可以快速地将字符串以及数值数据连接在一起，成为输出字符串。表 1-1 展示了这样的一个例子，当把数值和字符串值相加时，数值将转换为字符串，然后两个字符串连接到一起。

1.4.2　赋值运算符

我们将使用赋值运算符将值赋给变量。除了“=”运算符之外，还有几种形式的运算符可以在赋值的同时操作数据。表1-2展示了一个赋值运算符列表，以及使用它们获得的结果。

表 1-2　JavaScript 的赋值运算符以及对应的结果(x 的初始值为 10)

运　算　符	示　　例	对等的算术运算符	结　果　x
=	x=5	x=5	5
+=	x+=5	x=x+5	15
-=	x-=5	x=x-5	5
*=	x*=5	x=x*5	50
/=	x/=5	x=x/5	2
%=	x%=5	x=x%5	0

1.4.3　应用比较和条件运算符

使用条件运算符是在应用中应用逻辑的一种方式，例如特定的代码只在特定的条件下执行。通过在变量值上应用比较逻辑可以实现这一点。接下来的小节描述JavaScript可用的比较运算符以及如何在条件语句中应用它们。

1. 比较运算符

比较运算符将计算两块数据，如果计算结果正确那么返回true，如果计算结果不正确那么返回false。比较运算符将比较运算符左侧的值与右侧的值。

表1-3展示了一个比较运算符列表以及一些示例。

表 1-3 JavaScript 的比较运算符以及对应的结果(x 的初始值为 10)

运 算 符	说 明	示 例	结 果
==	等于(只判断值)	x==8	false
		x==10	true
===	值和类型都相等	x===10	true
		x==="10"	false
!=	不等于	x!=5	true
!==	值和类型都不相等	x!=="10"	true
		x!==10	false
>	大于	x>5	true
>=	大于或等于	x>=10	true
<	小于	x<5	false
<=	小于或等于	x<=10	true

通过使用逻辑运算符和标准的圆括号可以将多个比较运算符连接在一起。表1-4展示一个逻辑运算符列表以及如何使用它们将比较运算符连接在一起。

表 1-4 JavaScript 的比较运算符以及对应的结果(x 的初始值为 10，y 的初始值为 5)

运 算 符	说 明	示 例	结 果
&&	And	(x= =10 && y= =5)	true
		(x= =10 && y > x)	false
||	Or	(x > =10 || y > x)	true
		(x <10 && y > x)	false
!	Not	!(x= =y)	true
		!(x >y)	false
	Mix	(x > =10 && y<x || x = =y)	true
		((x < y || x > =10) &&y >=5)	true
		(!(x==y) && y>=10)	false

2. 使用 if 语句

通过使用if语句可以根据比较的结果分隔代码执行。下面几行代码在()中使用条件运算符，并且在{}中展示当条件判断结果为true时将会执行的代码：

```
if(x==5){
  do_something();
}
```

除了只执行if语句块中的代码之外，还可以指定一个else语句块，它将在条件为false时执行。例如：

```
if(x==5){
  do_something();
} else {
  do_something_else();
}
```

还可以将if语句链接在一起。为了实现这一点，可以在else语句后添加条件语句，如下面的示例所示：

```
if(x<5){
  do_something();
} else if(x<10) {
  do_something_else();
} else {
  do_nothing();
}
```

3. 实现 switch 语句

另一种类型的条件逻辑是switch语句。通过使用switch语句，可以计算表达式一次，然后根据它的值执行许多不同代码块中的一块。

switch语句的语法如下所示：

```
switch(expression){
  case value1:
    <code to execute>
    break;
  case value2:
    <code to execute>
    break;
  default:
    <code to execute if not value1 or value2>
}
```

它的处理过程为：switch语句将对整个表达式进行计算，并获得一个值。该值可能是字符串、数字、布尔值或者甚至可能是对象。然后switch表达式将把它与case语句中指定的每个值进行比较。如果值匹配，那么case语句中的代码将执行。如果没有匹配的值，那么默认的代码将执行。

注意：

通常每条 case 语句在末尾都包含一条 break 语句，用于中断 switch 语句的执行。如果没有 break，那么下一条 case 语句的代码将继续执行。

1.5　实现循环

循环意味着执行相同的代码段多次。当需要在一个数组或者一组对象上重复地执行相同任务时，这是极其有用的。

JavaScript提供执行for和while循环的功能。接下来将描述如何在JavaScript中实现循环。

1.5.1　while 循环

JavaScript中最基本类型的循环是while循环。while循环将测试一个表达式，并继续执行它的{}括号中包含的代码，直至表达式结果为false。

例如，下面的while循环将一直执行，直到i等于5：

```
var i = 1;
while (i<5){
  console.log("Iteration" + i);
  i++;
}
```

该示例将发送下面的输出到控制台：

```
Iteration 1
Iteration 2
Iteration 3
Iteration 4
```

1.5.2　do/while 循环

另一种类型的while循环是do/while循环。如果始终希望至少执行循环中的代码一次，并且直到代码执行了至少一次之后才会测试表达式，那么这是非常有用的。

例如，下面的do/while循环将一直执行，直到days等于Wednesday：

```
var days = ["Monday", "Tuesday", "Wednesday", "Thursday", "Friday"];
var i=0;
do{
  var day=days[i++];
  console.log("It's " + day);
} while (day != "Wednesday");
```

下面是控制台中显示的输出：

```
It's Monday
It's Tuesday
It's Wednesday
```

1.5.3 for 循环

JavaScript for循环通过使用for语句可以执行代码特定的次数，for语句将把3条语句组合到单个执行块中。下面是它的语法：

```
for (assignment; condition; update;){
  code to be executed;
}
```

for语句执行循环时将使用下面3条语句。

- **赋值**：在循环开始时执行，不会再次执行。它用于初始化变量，而该变量在循环中用作条件。
- **条件**：该表达式将在循环的每次迭代前计算。如果表达式的结果为 true，那么循环将执行；否则，for 循环执行将会终止。
- **更新**：每次迭代时执行(在循环中的代码执行之后)。这通常用于递增一个计数器(用作条件)的值。

下面的示例列举了一个for循环以及一个内嵌循环：

```
for (var x=1; x<=3; x++){
  for (var y=1; y<=3; y++){
    console.log(x + " X " + y + " = " + (x*y));
  }
}
```

Web控制台的结果输出为：

```
1 X 1 = 1
1 X 2 = 2
1 X 3 = 3
2 X 1 = 2
2 X 2 = 4
2 X 3 = 6
3 X 1 = 3
3 X 2 = 6
3 X 3 = 9
```

1.5.4 for/in 循环

另一种类型的for循环是for/in循环。for/in循环将在任意可迭代的数据类型上执行。在大多数情况下，我们将在数组和对象上使用for/in循环。下面的示例演示了for/in循环在一个简单数组上的语法和行为：

```
var days = [ "Monday", "Tuesday", "Wednesday", "Thursday", "Friday"] ;
for (var idx in days){
  console.log("It's " + days[ idx]  + "<br>");
}
```

注意，变量 idx 在循环的每次迭代中都改变了，从第一个数组索引到最后一个索引。下面是它的结果输出：

```
It's Monday
It's Tuesday
It's Wednesday
It's Thursday
It's Friday
```

1.5.5　中断循环

当使用循环时，有时会需要在代码内部中断代码的执行，而不是等待下一次迭代。有两个关键字可以实现循环中断：break和continue。

关键字break将完全停止for或者while循环的执行。而关键字continue则将停止循环内部代码的执行，并继续下一次迭代。请考虑下面的示例。

下面的示例将在day等于Wednesday时使用break：

```
var days = [ "Monday", "Tuesday", "Wednesday", "Thursday", "Friday"] ;
for (var idx in days){
  if (days[ idx] == "Wednesday")
    break;
  console.log("It's " + days[ idx] + "<br>");
}
```

当day等于Wednesday时，循环执行将完全停止：

```
It's Monday
It's Tuesday
```

下面的示例将在day等于Wednesday时使用continue：

```
var days = [ "Monday", "Tuesday", "Wednesday", "Thursday", "Friday"] ;
for (var idx in days){
  if (days[ idx] == "Wednesday")
    continue;
  console.log("It's " + days[ idx] + "<br>");
}
```

注意，由于代码中使用了continue关键字，因此输出结果中并未包含Wednesday，但循环执行确实完成了：

```
It's Monday
It's Tuesday
It's Thursday
It's Friday
```

1.6　创建函数

JavaScript中最重要的一部分内容就是：使代码可以被其他代码重用。为了实现这一点，可以将代码组织为函数，用于执行特定的任务。一个函数就是组合成单个块的一系列代码，并被赋予了一个名字。然后就可以通过引用该名字来执行块中的代码。

1.6.1 定义函数

函数定义包括：function关键字、描述函数用途的名字、包含在()中的0个或多个参数的列表，以及包含在{}中的由一条或多条代码语句组成的块。例如，下面的函数定义将在控制台中输出"Hello World"：

```
function myFunction(){
  console.log("Hello World");
}
```

为了执行myFunction()中的代码，所有需要做的就是在主JavaScript或者另一个函数中添加下面的代码：

```
myFunction();
```

1.6.2 向函数传递变量

我们经常需要向函数中传入特定的值，函数在执行它们的代码时将会使用这些值。通过逗号分隔的形式将值传入到函数中。一个函数定义需要在()中包含一个变量名称列表，该列表将与被传入的参数数目相匹配。例如，下面的函数将接受两个参数name和city，并使用它们构建输出字符串：

```
function greeting(name, city){
  console.log("Hello " + name);
  console.log(". How is the weather in " + city);
}
```

为了调用greeting()函数，需要传入一个name值和一个city值。该值可以是一个直接值或者一个之前定义的变量。为了演示这一点，下面的代码将执行greeting()函数，并使用name变量和一个字符串(作为参数city的值)作为参数。

```
var name = "Brad";
greeting(name, "Florence");
```

1.6.3 从函数返回值

通常，函数需要返回一个值给主调代码。添加一个return关键字，并在后面添加上一个变量或者值，该值将从函数中返回。例如，下面的代码将调用函数格式化一个字符串，将函数中返回的值赋给一个变量，然后将值输出到控制台：

```
function formatGreeting(name, city){
  var retStr = "";
  retStr += "Hello <b>" + name + "/n");
  retStr += "Welcome to " + city + "!";
return retStr;
}
```

```
var greeting = formatGreeting("Brad", "Rome");
console.log(greeting);
```

函数中可以包含一条或多条return语句。当函数遇到return语句时，函数的代码执行将立即停止。如果return语句包含一个待返回的值，那么将返回该值。下面的示例演示了一个函数，该函数将测试输入的参数值，如果值为0将立即返回：

```
function myFunc(value){
  if (value == 0)
    return value;
  <code_to_execute_if_value_nonzero>
  return value;
}
```

1.6.4 使用匿名函数

到目前为止，你已经看到的所有示例都是命名的函数。JavaScript也允许创建匿名函数。当调用其他函数时，这些函数可以直接在参数集中使用，这是它们的优点。因此，不需要正式的定义。

例如，下面的代码定义一个接受3个参数的函数doCalc()。前两个参数应该是数字，第三个参数应该是一个接受两个数字作为参数的函数(它将在doCalc函数中调用)：

```
function doCalc(num1, num2, calcFunction){
    return calcFunction(num1, num2);
}
```

可以定义一个函数，然后将函数名称传递给doCalc()(不需要参数)，如下面的示例所示：

```
function addFunc(n1, n2){
    return n1 + n2;
}
doCalc(5, 10, addFunc);
```

不过，也可以在doCalc()调用中直接使用匿名函数，如下面这两条语句所示：

```
console.log( doCalc(5, 10, function(n1, n2){ return n1 + n2; }) );
console.log( doCalc(5, 10, function(n1, n2){ return n1 * n2; }) );
```

你可能会明白使用匿名函数的优势就在于：不需要创建一个正式的函数定义，并且该函数不会在代码的任何其他位置使用。因此，匿名函数使JavaScript代码更加简洁和可读。

1.7 理解变量作用域

当开始在JavaScript应用中添加条件、函数和循环时，就需要理解变量作用域。变量作用域将用于决定正在执行的当前行代码中特定变量名的值。

JavaScript允许同时定义变量的全局版本和局部版本。全局版本的变量将定义在JavaScript的主代码中，局部版本的变量将定义在函数中。当在函数中定义一个局部版本的变量时，新的变量将在内存中创建。在该函数中，将引用局部变量。在该函数外，引用的将是全局变量。

为了更好地理解变量作用域，请思考代码清单1- 4中的代码。

代码清单 1-4：在 JavaScript 中定义全局和局部变量

```
01 var myVar = 1;
02 function writeIt(){
03   var myVar = 2;
04   console.log("Variable = " + myVar);
05   writeMore();
06 }
07 function writeMore(){
08   console.log("Variable = " + myVar);
09 }
10 writeIt();
```

第1行中定义一个全局变量myVar，第3行在writeIt()函数中定义一个局部变量myVar。第4行向控制台中输出“Variable = 2”。然后在第5行，调用writeMore()。因为writeMore()中没有定义myVar的局部版本，所以第8行将输出全局变量myVar的值。

1.8 使用 JavaScript 对象

JavaScript有几个内置对象，例如Number、Array、String、Date和Math。这些内置对象中的每一个都有自己的成员属性和方法。除了JavaScript对象之外，在阅读本书的过程中，你会发现Node.js、MongoDB、Express和Angular也都添加到了自己的内置对象。

JavaScript提供了一种非常优秀的面向对象编程结构，所以我们也可以创建自己的自定义对象。编写清晰、高效、可重用JavaScript代码的关键就是：使用对象而不是一个函数集合。

1.8.1 使用对象语法

为了在JavaScript中高效地使用对象，你需要了解它们的结构和语法。一个对象实际上只是一个容器，用于将多个值或者(在某些实例中的)函数聚集在一起。对象的值称为属性，函数的值称为方法。

为了使用JavaScript对象，首先必须创建一个对象实例。通过new关键字加上对象构造函数名称来创建对象实例。例如，为了创建Number对象，可以使用下面的代码：

```
var x = new Number("5");
```

对象语法是非常直观的：使用对象名加上点，然后再加上属性或者方法名。例如，下面的代码将访问和设置对象myObj的name属性：

```
var s = myObj.name;
myObj.name = "New Name";
```

也可以用相同方式访问或设置对象的方法。例如，下面的代码将调用getName()方法，然后改变对象myObj中的方法函数：

```
var name = myObj.getName();
```

```
myObj.getName = function() { return this.name; };
```

还可以使用{}语法创建对象，此时可以直接为对象属性和方法赋值。例如，下面的代码定义一个新对象，并将值和方法函数赋给该对象：

```
var obj = {
    name: "My Object",
    value: 7,
    getValue: function() { return this.name; };
};
```

还可以使用*object[propertyName]*语法访问JavaScript对象的成员。当使用动态属性名时，以及当属性名必须包含JavaScript不支持的字符时，这种方式是非常有用的。例如，下面的示例将访问对象myObj的User Name和Other Name属性：

```
var propName = "User Name";
var val1 = myObj[ propName];
var val2 = myObj[ "Other Name"];
```

1.8.2　创建自定义对象

如你到目前为止所看到的，使用JavaScript内置对象有几个优点。当开始编写代码时，这些代码会用到越来越多的数据，此时你发现自己会希望构建自己的自定义对象，在其中包含特定的属性和方法。

可以通过几种方式定义JavaScript对象。最简单的方式是即时创建：简单地创建一个通用对象，然后根据需要在其中添加属性。例如，为创建一个用户对象，并为它赋予姓和名，以及返回这些值的函数，可以使用下面的代码：

```
var user = new Object();
user.first="Brad";
user.last="Dayley";
user.getName = function( ) { return this.first + " " + this.last; }
```

也可以使用下面的代码，采用直接赋值的方式完成相同的任务，对象封装在{}中，属性则使用*property:value*语法进行定义：

```
var user = {
  first: 'Brad',
  last: 'Dayley',
  getName: function( ) { return this.first + "" + this.last; }};
```

这两种方式对于之后不需要再重用的简单对象是非常适用的。对于可重用对象，一种更好的方式是：将对象封装在它自己的函数块中。它的优点是：可以将所有属于对象的代码保存在对象自身中。如下面的示例所示：

```
function User(first, last){
  this.first = first;
  this.last = last;
  this.getName = function( ) { return this.first + "" + this.last; };
```

```
var user = new User("Brad", "Dayley");
```

这些方式最终得到的结果实际上是相同的，正如你有一个含有属性并且可以通过点标记引用的对象一样，如下面的示例所示：

```
console.log ( user.getName ());
```

1.8.3 使用原型对象模式

创建对象的一种更高级方式是：使用原型模式。通过在对象的原型特性中定义函数的方式实现这种模式，而不是在对象中定义函数。采用原型模式，定义在原型特性中的函数只会在加载JavaScript时创建一次，而不是每次都创建一个新对象。

下面的示例展示了原型语法：

```
function UserP(first, last){
  this.first = first;
  this.last = last;
}
UserP.prototype = {
  getFullName: function(){
      return this.first + "" + this.last;
    }
};
```

注意，我们定义了对象UserP，然后在UserP.prototype属性中添加了getFullName()函数。如果需要，可以在原型中包含任意数目的函数。每次创建新对象时，这些函数都是可用的。

1.9 操作字符串

到目前为止，String对象是JavaScript中最常用的对象。无论何时，当定义的变量类型为字符串数据类型时，JavaScript都将自动创建一个String对象。如下面的示例所示：

```
var myStr = "Teach Yourself jQuery & JavaScript in 24 Hours";
```

当创建字符串时，有一些特殊字符是无法直接添加到字符串中的。对于这些字符，JavaScript提供了一组转义代码，如表1-5所示。

表 1-5 字符串对象转义代码

转　义	说　明	示　例	输出字符串
\'	单引号	"couldn\'t be"	couldn't be
\"	双引号	"\"think\" I \"am\""	I "think" I "am"
\\	斜线	"one\\two\\three"	one\two\three
\n	换行符	"I am\nI said"	I am I said

(续表)

转　义	说　明	示　例	输出字符串
\r	回车符	"to be\ror not"	to be or not
\t	制表符	"one\ttwo\tthree"	one two three
\b	退格符	"correctoin\b\b\bi on"	correction
\f	换页符	"Title A\fTitle B"	Title A then Title B

为了获得字符串的长度，可以使用String对象的length属性，如下面的示例所示：

```
var numOfChars = myStr.length;
```

String对象提供了几个函数，通过它们能够以不同的方式访问和操作字符串。表1-6描述了这些字符串操作方法。

表 1-6　用于操作 String 对象的方法

方　法	说　明
charAt(index)	返回指定索引位置的字符
charCodeAt(index)	返回指定索引位置的字符的 Unicode 值
concat(str1, str2, ...)	连接两个或多个字符串，并返回一个结果字符串的副本
fromCharCode()	将 Unicode 值转换为实际的字符
indexOf(subString)	返回指定子字符串值第一次出现时的位置。如果未找到子字符串就返回-1
lastIndexOf(subString)	返回指定的子字符串值最后一次出现时的位置。如果未找到子字符串就返回-1
match(regex)	搜索字符串，并返回所有匹配正则表达式的结果
replace(subString/regex,replacementString)	在字符串中搜索子字符串或者正则表达式的匹配值，并将匹配的子字符串替换为新的子字符串
search(regex)	基于正则表达式搜索字符串，并返回第一个匹配值的位置
slice(start, end)	返回一个新的字符串，其中 start 到 end 位置中间的字符都被移除了
split(sep, limit)	根据分隔符或者正则表达式将字符串分隔为子字符串数组。可选的 limit 参数定义分隔的最大数目，从头开始计算
substr(start,length)	从字符串中提取字符，从指定的 start 位置开始，包含指定长度的字符。
substring(from, to)	返回 from 和 to 索引之间的字符组成的子字符串
toLowerCase()	将字符串转换为小写
toUpperCase()	将字符串转换为大写
valueOf()	返回原始的字符串值

为了帮助你开始使用String对象提供的功能，接下来将描述一些常见的任务，并使用String对象方法完成。

1.9.1 合并字符串

可以通过使用“+”操作或者使用第一个字符串上的concat()函数将多个字符串合并在一起。例如，下面的代码中，sentence1和sentence2的值是相同的：

```
var word1 = "Today ";
var word2 = "is ";
var word3 = "tomorrow\'s ";
var word4 = "yesterday.";
var sentence1 = word1 + word2 + word3 + word4;
var sentence2 = word1.concat(word2, word3, word4);
```

1.9.2 在字符串中搜索子字符串

为了判断一个字符串是否是另一个字符串的子字符串，可以使用indexOf()方法。例如，下面的代码将把字符串输出到控制台中，前提是仅当它包含单词think时：

```
var myStr = "I think, therefore I am.";
if (myStr.indexOf("think") != -1){
  console.log (myStr);
}
```

1.9.3 替换字符串中的单词

另一个常见的字符串对象任务是：将一个子字符串替换为另一个。为了替换字符串中的单词或词组，可以使用replace()方法。下面的代码将把文本“<username>”替换为变量username的值。

```
var username = "Brad";
var output = "<username> please enter your password: ";
output.replace("<username>", username);
```

1.9.4 将字符串拆分为数组

一个非常常见的任务是：使用分隔符将字符串分割为数组。例如，使用split()方法并以“：”为分隔符，下面的代码把一个时间字符串拆分为它的各个基本组成部分的数组：

```
var t = "12:10:36";
var tArr = t.split(":");
var hour = tArr[ 0] ;
var minute = tArr[ 1] ;
var second = tArr[ 2] ;
```

1.10　使用数组

数组对象提供一种存储和处理其他对象集合的方式。数组可以存储数字、字符串或者其他JavaScript对象。创建JavaScript数组有多种方式。例如，下面的语句将通过3种不同的方式创建出一致的数组：

```
var arr = [ "one", "two", "three"];
var arr2 = new Array();
arr2[ 0]  = "one";
arr2[ 1]  = "two";
arr2[ 2]  = "three";
var arr3 = new Array();
arr3.push("one");
arr3.push("two");
arr3.push("three");
```

第一种方式定义数组arr，并使用[]在单条语句中为该变量设置内容。第二种方式创建arr2对象，然后使用直接索引赋值在其中添加数据项。第三种方式创建对象arr3，然后使用扩展数组的最佳方式push()方法向数组中添加数据。

为了判断数组中元素的数目，可以使用数组对象的length属性，如下面的示例所示：

```
var numOfItems = arr.length;
```

数组采用的索引也是基于0的，这意味着第一个数据项将在索引为0的位置，依此类推。例如，在下面的代码中，first变量的值将为Monday，last变量的值将为Friday：

```
var week = [ "Monday", "Tuesday", "Wednesday", "Thursday", "Friday"];
var first = w [ 0];
var last = week[ week.length-1];
```

数组对象包含几个内置函数，通过它们可以采用不同的方式访问和操作数组。表1-7描述了数组对象含有的方法，通过它们可以操作数组内容。

表 1-7　操作数组对象的方法

方　法	说　明
concat(arr1, arr2, ...)	使用数组作为参数，返回多个数组连接后的副本
indexOf(value)	返回指定值在数组中出现时的第一个索引，如果未找到则返回-1
join(separator)	将数组的所有元素连接成一个字符串，不同的元素由分隔符分隔。如果未指定分隔符，默认使用逗号
lastIndexOf(value)	返回 value 在数组中的最后一个索引，如果未找到就返回-1
pop()	从数组中删除最后一个元素，并返回该元素
push(item1, item2, ...)	在数组的末尾添加一个或多个新元素，并返回数组新的长度
reverse()	反转数组中所有元素的顺序
shift()	删除数组的第一个元素，并返回该元素

(续表)

方　法	说　明
slice(start, end)	返回 start 和 end 索引之间的元素
sort(sortFunction)	对数组中的元素进行排序。sortFunction 是可选的
splice(index, count, item1, item2...)	从指定的索引位置开始，删除 count 个数据项，然后将作为参数传入的所有可选项插入到该位置
toString()	返回数组的字符串形式
unshift()	在数组的开始添加新元素，并返回数组新的长度
valueOf()	返回数组对象的原始值

为了帮助你了解数组对象提供的功能，接下来将描述一些常见任务，并通过数组对象方法完成。

1.10.1　合并数组

通过使用concat()方法(而不是“+”方法)可以将多个数组合并成单个数组。在下面的代码中，arr3变量的结果为arr1变量中元素的字符串表示加上变量arr2中元素的字符串表示。在下面的代码中，arr4变量是一个合并了数组arr1和arr2所有元素的数组。

```
var arr1 = [ 1,2,3] ;
var arr2 = [ "three", "four", "five"]
var arr3 = arr1 + arr2;
var arr4 = arr1.concat(arr2);
```

注意：

可以合并一个数字数组和字符串数组。数组中的每个元素都将保留它自己的对象类型。不过，当使用数组中的数据项时，需要注意含有多种数据类型的数组，避免遇到问题。

1.10.2　迭代数组

可以使用for或者for/in循环迭代数组。下面的代码演示了如何使用这两种方式迭代数组中的所有元素：

```
var week = [ "Monday", "Tuesday", "Wednesday", "Thursday", "Friday"] ;
for (var i=0; i<week.length; i++){
  console.log("<li>" + week[ i] + "</li>");
}
for (dayIndex in week){
  console.log("<li>" + week[ dayIndex] + "</li>");
}
```

1.10.3　将数组转换为字符串

数组对象一个非常有用的功能是：通过使用join()方法由指定的分隔符分隔，可以将字符串元素合并成一个新的字符串对象。例如，下面的代码将把时间组件合并在一起组成格式12:10:36：

```
var timeArr = [ 12,10,36] ;
var timeStr = timeArr.join(":");
```

1.10.4　检查数组中是否包含特定的数据项

通常我们需要检查数组中是否包含某个特定的数据项。这可以使用indexOf()方法实现。如果代码无法在列表中找到该数据项，那么它将返回-1。如果作为参数传入的数据在week数组中，那么下面的函数将向控制台输出一条消息：

```
function message(day){
  var week = [ "Monday","Tuesday","Wednesday","Thursday","Friday"] ;
  if (week.indesof(day)!=-1){
    console.log("Happy "+ day);
  }
}
```

1.10.5　向数组中添加和从数组中移除数据项

向数组对象中添加数据项以及从数组中移除数据项有几种不同的方式：使用各种不同的内置方法。表1-8列出了本书用到的各种方法。表1-8中的值将按照处理顺序显示，每条连续的语句都将改变它的值。

表 1-8　用于添加元素和删除元素的数组方法

语　　句	x 的 值	arr 的值 *
var arr = [1,2,3,4,5];	undefined	1,2,3,4,5
var x = 0;	0	1,2,3,4,5
x = arr.unshift("zero");	6(length)	zero,1,2,3,4,5
x = arr.push(6,7,8);	9(length)	zero,1,2,3,4,5,6,7,8
x = arr.shift();	zero	1,2,3,4,5,6,7,8
x = arr.pop();	8	1,2,3,4,5,6,7
x = arr.splice(3,3,"four","five","six");	4,5,6	1,2,3,four,five,six,7
x = arr.splice(3,1);	four	1,2,3,five,six,7
x = arr.splice(3);	five,six,7	1,2,3

1.11 添加错误处理

JavaScript编码中一个重要的部分是：为可能出现问题的实例添加错误处理。默认情况下，如果由于个人JavaScript中的错误导致代码异常发生，那么脚本将会失败并且终止加载。这通常不是我们期望的行为。实际上，经常会有灾难性的行为出现。为了阻止这些类型的严重问题，应该将代码封装在try/catch块中。

1.11.1 try/catch 块

为了防止代码终止运行，可以使用try/catch块处理代码内部的问题。当执行try块中的代码时，如果JavaScript遇到错误，那么它将会跳出当前代码并执行catch部分代码，而不是终止整个脚本的执行。如果没有错误发生，那么整个try代码块都将执行，所有catch代码块都不会执行。

例如，下面的try/catch块尝试将一个名为badVarName的未定义变量的值赋给变量x：

```
try{
   var x = badVarName;
} catch (err){
   console.log(err.name + ': "' + err.message +  '" occurred when assigning x.');
}
```

注意，每条catch语句都将接受一个err参数，它是一个错误对象。错误对象提供message属性，该属性提供对错误的描述。错误对象还提供一个name属性，该属性是被抛出的错误类型的名称。

之前的代码将导致异常产生，并输出下面的消息：

```
ReferenceError: "badVarName is not defined" occurred when assigning x.
```

1.11.2 抛出自定义错误

也可以使用throw语句抛出自己的错误。下面的代码演示了如何在函数中添加throw语句抛出错误，即使并未出现错误脚本。函数sqrRoot()将接受单个参数x。然后它将验证x是不是一个正数，并返回值为x的平方根的字符串。如果x不是一个正数，那么该函数将抛出适当的错误，并由catch块返回该错误：

```
function sqrRoot(x) {
   try {
      if(x=="")     throw {message:"Can't Square Root Nothing"};
      if(isNaN(x)) throw {message:"Can't Square Root Strings"};
      if(x<0)       throw {message:"Sorry No Imagination"};
      return "sqrt("+x+") = " + Math.sqrt(x);
   } catch(err){
      return err.message;
   }
}
function writeIt(){
```

```
    console.log(sqrRoot("four"));
    console.log(sqrRoot(""));
    console.log(sqrRoot("4"));
    console.log(sqrRoot("-4"));
}
writeIt();
```

下面是控制台中的输出消息，根据sqrRoot()函数中的不同输入，显示被抛出的不同错误：

```
Can't Square Root Strings
Can't Square Root Nothing
sqrt(4) = 2
Sorry No Imagination
```

1.11.3　使用 Finally

异常处理中另一个重要的工具是finally关键字。可以将该关键字添加到try/catch块的末尾。在执行try/catch块后，始终执行finally块，无论是否有错误发生并被捕获或者try块是否已经完全执行。

下面的示例演示一个Web页面中所使用的finally块：

```
function testTryCatch(value){
  try {
    if (value < 0){
      throw "too small";
    } else if (value > 10){
      throw "too big";
    }
    your_code_here
  } catch (err) {
    console.log("The number was " + err);
  } finally {
    console.log("This is always written.");
  }
}
```

1.12　小结

了解Javascript对于Node.js、MongoDB、Express和AngularJS环境的使用是非常关键的。为了帮助你掌握本书剩余部分中的概念，本章对JavaScript的基础语言语法进行了充分的讨论。我们学习了如何创建对象、如何使用函数以及如何使用字符串和数组。还学习了如何在脚本中应用错误处理，这在Node.js环境中是非常关键的。

第2章

开始使用 AngularJS

AngularJS是一个JavaScript框架，它提供了一种创建网站和Web应用的非常结构化的方法。实际上，AngularJS是一个基于轻量级jQuery版本构建的JavaScript库——通过这种结合，AngularJS既可以提供最好的JavaScript和jQuery，同时也成为一个结构化模型-视图-控制器(Model View Controller，MVC)框架。

对于大多数Web应用，AngularJS是一个非常完美的客户端库，因为它提供非常清晰和结构化的方式。当使用一个清晰、结构化的前端时，你会发现实现清晰和结构良好的服务器端逻辑会更加容易。

本章将对AngularJS进行介绍，同时也会对AngularJS应用中涉及的主要组件进行介绍。在你尝试实现AngularJS应用之前，理解这些组件是非常关键的，因为该框架不同于那些更传统的JavaScript Web应用编程。

对AngularJS应用的组件和生命周期有了深入了解后，你将会学习如何一步一步地构造一个基本的AngularJS应用。在进行接下来章节(包含实现AngularJS的更多细节)的学习之前，本章内容将帮你掌握相关的基础知识。

2.1 选择 AngularJS 的原因

AngularJS是一个MVC框架，它基于JavaScript和轻量级jQuery版本构建。MVC框架将把代码中的业务逻辑与视图和模型分离。如果没有这种分离，当尝试同时管理这三个模块以及大量复杂函数时，基于JavaScript的Web应用可能会很快失控。

AngularJS提供的所有东西，都可以使用JavaScript和jQuery自行实现，或者甚至也可以尝试使用另一个MVC JavaScript框架。不过，AngularJS提供了许多功能，而且AngularJS框架的设计也使它可以轻松以正确方式实现MVC。下面是选择AngularJS的一些原因。

- AngularJS 框架强制使用正确的 MVC 实现，并且也使得正确实现 MVC 变得简单。
- AngularJS HTML 模板的声明式风格让 HTML 的意图变得更加直观，也使 HTML 更便于维护。
- AngularJS 的模型部分是基本的 JavaScript 对象，这使它易于操作、访问和实现。

- AngularJS 将使用声明的方式扩展 HTML 的功能(通过在 HTML 声明和声明背后的 JavaScript 功能之间建立直接链接的方式)。
- AngularJS 提供一个非常简单和灵活的筛选器接口，通过使用它们，当将数据从模型传递到视图时，可以轻松地对数据进行格式化。
- AngularJS 倾向于使用传统 JavaScript 应用所使用代码的一部分，因为你只需要专注于逻辑，而不是所有的小细节(如数据绑定)。
- 与传统的模型相比，AngularJS 少了很多文档对象模型(DOM)操作，它将指导你将操作放在应用中的正确位置。与 DOM 操作相比，基于数据展示来设计应用要更加容易。
- AngularJS 提供几个内置服务，通过它们可以使用结构化和可重用的方式实现自己的应用。这将使代码变得更易于维护和测试。
- 由于 AngularJS 框架清晰的责任分离，应用的测试，甚至使用测试驱动的方式开发它们都变得非常容易。

2.2 了解 AngularJS

AngularJS提供一个基于MVC模型的、非常结构化的框架。使用该框架，可以构建出健壮并且易于理解和维护的结构化应用。如果不熟悉MVC模型，那么下面的章节将提供一个快速的简介，帮助你理解相关的基础知识。当然这不是完整的MVC讲解，这些章节只打算为你提供一些参考内容，帮助你理解AngularJS是如何应用MVC原则的。如果希望了解更多与MVC相关的信息，维基百科网站是一个很棒的资源。

MVC中有三个组件：模型是数据源，视图是渲染的页面，控制器将处理模型和视图之间的交互。MVC的一个主要目的是：分离JavaScript代码中的责任，使代码变得清晰和易于理解。AngularJS是最好的MVC框架之一，因为它使MVC的实现变得非常容易。

为了开始学习AngularJS，你首先需要了解你将要实现的各种组件，以及它们之间是如何交互的。下面的小节将对AngularJS应用中涉及的各种组件、它们的目的和每个组件的责任进行讨论。

2.2.1 模块

AngularJS引入了模块(代表应用中组件)的概念。模块提供名称空间，通过这种方式，可以基于模块名称引用指令、作用域和其他组件。这使打包和重用应用的部件变得更加简单。

AngularJS中的每个视图或者Web页面都有一个通过ng-app指令分配给它的模块(本章稍后将讨论指令)。不过，可以将其他模块添加到主模块中作为依赖关系，通过这种方式可以提供一个非常结构化和组件化的应用。AngularJS主模块的作用类似于C#和Java中的根名称空间。

2.2.2 作用域和数据模型

AngularJS引入了作用域的概念。作用域实际上只是数据的JavaScript表示方式，用于填充Web页面上展示的视图。该数据可以来自任何源，例如数据库、远程Web服务或者客户端AngularJS代码，或者它也可以是由Web服务器动态生成的。

作用域的一个重要功能是：它们只是普通的JavaScript对象，这意味着在AngularJS代码中，可以轻松地按需要对它们进行操作。另外，也可以通过嵌套作用域的方式组织数据，使它们匹配正在使用它们的上下文。

2.2.3　模板视图和指令

HTML Web页面是基于DOM的，每个HTML元素都由一个DOM对象表示。Web浏览器将读取DOM对象的属性，并知道如何渲染Web页面上的HTML元素(基于DOM对象的属性)。

大多数动态Web应用都直接使用JavaScript或者基于JavaScript的库(例如jQuery)来操作DOM对象，修改它们的行为以及用户视图中所渲染的HTML元素的外观。

AngularJS引入了一个新概念：直接合并模板(其中包含直接扩展HTML标签和特性的指令)和后台的JavaScript代码，可以扩展HTML的功能。指令包含两部分。第一部分是添加到HTML模板中的额外特性、元素和CSS类。第二部分是扩展DOM正常行为的JavaScript代码。

使用指令的优点在于：可视元素的目标逻辑将通过HTML模板表示，这样它就会变得易于理解，而且也不会再隐藏于大量JavaScript代码的背后。AngularJS最棒的功能之一就是内置的AngularJS指令可以处理大多数必需的DOM操作功能(将作用域中的数据直接绑定到视图的HTML元素所需要的操作)。

也可以通过创建自己的AngularJS指令来实现任何Web应用中必需的自定义功能。实际上，你应该使用自己的自定义指令来完成Web应用需要的任何直接DOM操作。

2.2.4　表达式

AngularJS的一个重要功能是：在HTML模板中添加表达式的功能。AngularJS将计算表达式，然后动态地将结果添加到Web页面中。因为表达式被链接到作用域，所以表达式可以使用作用域中的值，这样当模型改变时，表达式的值也将随之改变。

2.2.5　控制器

AngularJS通过实现控制器完整实现MVC框架。控制器通过设置作用域中初始状态或者值以及在作用域中添加行为的方式，对作用域进行增强。例如，可以在作用域中添加一个求和函数来提供一个总数，这样如果作用域背后的模型数据发生改变，那么总数也会随之改变。

我们将通过使用指令的方式在HTML元素中添加控制器，然后在后台使用JavaScript代码实现它们。

2.2.6　数据绑定

AngularJS最棒的功能之一就是内置的数据绑定。数据绑定是将模型的数据与Web页面中显示的内容链接在一起的过程。AngularJS提供了一个清晰的接口，用于将模型数据链接到Web页面中的元素。

AngularJS中的数据绑定是一个双向过程：当Web页面中的数据改变时，模型会更新，当模型中的数据改变时，Web页面也将自动更新。通过这种方式，模型始终是展示给用户的数据的唯一源，视图也只是模型的投影。

2.2.7 服务

服务是AngularJS环境中的核心部件。服务是为Web应用提供功能的单实例对象。例如，Web应用的一个常见任务是执行发送到Web服务器的AJAX请求。AngularJS提供一个HTTP服务，用于负责所有访问Web服务器的功能。

因为服务功能是完全独立于上下文或者状态的，所以它可以轻松地被应用的其他组件使用。AngularJS为基本用途提供了大量内置的服务组件，例如HTTP请求、日志、解析和动画。也可以创建自己的服务并在所有的代码中重用它们。

2.2.8 依赖注入

依赖注入是代码组件定义对其他组件的依赖的过程。当代码初始化时，使得当前组件依赖的组件将在内部可访问。AngularJS应用大量使用依赖注入。

依赖注入的一个常见用例是服务的使用。例如，如果定义一个模块，要求通过HTTP请求访问Web服务器，那么可以在模块中注入HTTP服务，这样模块代码就可以使用该功能了。另外，一个AngularJS模块将通过依赖使用另一个模块的功能。

2.2.9 编译器

AngularJS提供一个HTML编译器，该编译器将发现AngularJS模板中的指令，并使用JavaScript代码构建扩展的HTML元素。当AngularJS库启动时，AngularJS编译器将加载到浏览器中。当加载完成时，编译器将搜索浏览器中的HTML DOM，并将所有后端JavaScript代码链接到HTML元素，然后将最终的应用视图渲染给用户。

2.3 AngularJS 生命周期概览

既然你已经了解了AngularJS应用中涉及的组件，接下来就需要了解AngularJS生命周期中发生的事情，它分为3个阶段：启动、编译和运行时。了解了AngularJS应用的生命周期之后，理解如何设计和实现代码也将变得更加简单。

AngularJS应用生命周期的3个阶段将在每次浏览器加载Web页面时发生。下面的小节将描述AngularJS应用的这些阶段。

2.3.1 启动阶段

AngularJS生命周期的第一个阶段是启动阶段，它将在把AngularJS JavaScript库下载到浏览器中时发生。AngularJS将先初始化它自己必需的组件，然后初始化你的模块(ng-app指令指向的模块)。当模块加载完成时，所有依赖都将注入你的模块中，并对模块内的代码可用。

2.3.2　编译阶段

AngularJS生命周期的第二个阶段是HTML编译阶段。当Web页面加载完成时，静态形式的DOM将加载到浏览器中。在编译阶段，静态DOM将被代表AngularJS视图的动态DOM所替代。

该阶段涉及两部分：遍历静态DOM并收集所有指令，然后将指令链接到AngularJS内置库或者自定义指令代码中正确的JavaScript功能。指令将与作用域一起创建出动态或者实时视图。

2.3.3　运行时数据绑定阶段

AngularJS应用的最后一个阶段是运行时阶段，直到用户重新加载页面或者离开当前页面，该阶段一直存在。此时，作用域中的所有变动都将反映到视图中，视图中的任何变动也将直接更新到作用域中，使作用域成为视图的唯一数据源。

AngularJS数据绑定的行为与传统方法不同。传统方法将把模板和从引擎接收到的数据合并在一起，然后在每次数据改变时操作DOM。AngularJS则只编译DOM一次，然后按需要链接编译后的模板，与传统方法相比，这种方式更加高效。

2.4　责任分离

设计AngularJS应用时一个极其重要的部分是：责任分离。选择结构化框架的原因是：保证代码具有良好的实现、易于理解、可维护和可测试。AngularJS提供一种非常结构化的框架，但你仍然需要保证你采用正确的方式实现AngularJS。

下面是实现AngularJS时需要遵守的一些规则。

- 视图是应用的正式展示结构。在视图的 HTML 模板中，将所有的展示逻辑都表示为指令。
- 如果需要执行 DOM 操作，那么请在内置或者自定义指令 JavaScript 代码中完成——不要在其他位置执行。
- 将所有可重用的任务实现为服务，并使用依赖注入将它们添加到模块中。
- 确保作用域反映模型的当前状态，并保证它是视图使用的数据的唯一源。
- 确保控制器代码只用于增强作用域，不包含任何业务逻辑。
- 在模块名称空间中定义控制器，而不是在全局名称空间中定义。这将保证你的应用可以轻松地打包，并阻止过度使用全局名称空间。

2.5　在现有 JavaScript 和 jQuery 代码中集成 AngularJS

因为AngularJS是基于JavaScript和jQuery构建的，所以可以尝试将它添加到现有应用中，用于提供数据绑定或者其他功能。这种方式几乎总是会导致难于维护的问题代码。不过，使用AngularJS也并不意味着你必须扔掉现有代码。通常可以选择有用的JavaScript/jQuery组件，将它们转换为指令或者服务。

这也将引起另一个问题：什么时候应该使用jQuery的完整版本而不是AngularJS提供的jQuery lite版本？我知道许多人都有不同的观点。一方面，你希望保持自己的实现尽可能清晰和简单。但另一方面，有时需要使用一些只有完整版本的jQuery才提供的功能。而我的选择总是：使用合理的版本。如果我需要的功能AngularJS jQuery Lite并未提供，那么我将加载完整的库。本章稍后将讨论加载jQuery(而不是jQuery Lite)的方法。

下面的步骤提供一种在现有JavaScript和jQuery应用中集成AngularJS的方式。

(1) 至少从头开始编写一个小的AngularJS应用，在其中使用模型、自定义HTML指令、服务和控制器。换句话说，在该应用中，保证你已经对AngularJS的责任分离有一个实际的理解。

(2) 识别代码中的模型部分。特别是，尝试将模型中增强模型数据的代码分离到控制器函数中，将访问后端模型数据的代码分离到服务中。

(3) 识别操作视图中DOM元素的代码。尝试将DOM操作代码分离到一个具有良好定义的自定义指令组件中，并为它们提供一条HTML指令。另外，辨别AngularJS已经提供内置支持的所有指令。

(4) 识别其他基于任务的函数，将它们分离到服务中。

(5) 将指令和控制器分离到不同的模块中，从而更好地组织代码。

(6) 使用依赖注入正确地链接服务和模块。

(7) 更新HTML模板以使用新指令。

显然，在某些实例中，使用太多现有代码并不合理。不过，通过执行之前的步骤，你会对使用AngularJS实现项目的设计阶段有更深入的理解，从而做出明智的决定。

2.6 在环境中添加 AngularJS

AngularJS是一个客户端JavaScript库，这意味着在环境中实现AngularJS唯一需要做的事情就是：通过在HTML模板中使用<script>标签，为客户端提供一种获得angular.js库文件的方式。

提供angular.js库最简单的方式是使用Content Delivery Network(CDN)，它提供从第三方下载库文件的URL。使用这种方法的缺点在于你必须依赖于第三方来提供该库，如果客户端无法连接到第三方URL，你的应用就无法工作。例如，下面的<script>标签将从Google API的CDN加载angular.js库：

```
<script src="https://ajax.googleapis.com/ajax/libs/angularjs/1.2.5/angular.min.js">
</script>
```

提供angular.js库的另一种方式是从AngularJS网站(http://angularjs.org)下载它，并使用自己的Web服务器为客户端提供该文件。这种方式需要花费更多的精力，也要求Web服务器上拥有额外的带宽；不过，如果希望对客户端如何获得该库拥有更多的控制权，那么这可能是更好的方式。

2.7　在 HTML 文档中启动 AngularJS

为了在Web页面中实现AngularJS，需要启动HTML文档。启动涉及两部分。第一部分是：使用ng-app指令定义应用模块，第二部分是：在<script>标签中加载angular.js库。

指令ng-app将告诉AngularJS编译器把该元素当作编译的根。指令ng-app通常在<html>标签中加载，这样将保证整个Web页面都包含到编译中；不过，也可以将它添加到另一个容器元素中，这样就只有该容器中的元素会包含到AngularJS编译中，最终也只有它们才会包含到AngularJS应用功能中。

在可能的情况下，应该将angular.js库用作HTML的<body>标签中最后的标签之一(如果不是最后一个标签)。当angular.js脚本加载时，编译器启动，开始搜索指令。最后加载angular.js将允许Web页面更快加载。

下面是在HTML文档中实现ng-app和angular.js启动的一个示例：

```
<!doctype html>
<html ng-app="myApp">
  <body>
    <script src="http://code.angularjs.org/1.2.9/angular.min.js"></script>
    <script src="/lib/myApp.js"></script>
  </body>
</html>
```

2.8　使用全局 API

当实现AngularJS应用时，你会发现有一些常见的JavaScript任务是需要经常执行的，例如比较对象、深拷贝、遍历对象以及转换JSON数据。AngularJS在全局API中提供了许多这种基础功能。

当angular.js库加载完成后，全局API就是可用的，并且可以使用angular对象访问它们。例如，为了创建对象myObj的一个深拷贝，可以使用下面的语法：

```
varmyCopy = angular.copy(myObj);
```

下面的代码展示了一个使用forEach()全局API遍历对象数组的示例：

```
var objArr = [{score: 95}, {score: 98}, {score: 92}];
var scores = [];
angular.forEach(objArr, function(value, key){
  this.push(key + '=' + value);
}, scores);
// scores == ['score=95', 'score=98', 'score=92']
```

表2-1列出了全局API提供的一些最有用的工具。本书的许多示例中都会使用它们。

表 2-1 AngularJS 提供的有用全局 API 工具

工　具	说　明
copy(src,[dst])	创建 src 对象或者数组的深拷贝。如果提供 dst 参数，那么它将完全被源对象的深拷贝所改写
element(element)	返回被指定为 jQuery 元素的 DOM 元素。如果在加载 AngularJS 之前已经加载 jQuery，那么该对象就是完整的 jQuery 对象；否则，它只是 jQuery 对象的子集，使用 AngularJS 中内置的 jQuery Lite 版本。表 2-2 列出了 AngularJS 中可用的 jQuery Lite 方法
equals(o1,o2)	比较 o1 和 o2，如果它们通过了===比较就返回 true
extend(dst,src)	将 src 对象的所有属性复制到 dst 对象中
forEach(obj,iterator, [context])	遍历 obj 集合中的所有对象，obj 可能是一个对象或者数组。iterator 指定将要调用的函数，该函数将使用下面的语法： `function(value, key)` context 参数指定作为上下文的 JavaScript 对象，在 forEach 循环中可以使用该关键字访问它
fromJson(json)	从 JSON 字符串返回一个 JavaScript 对象
toJson(obj)	返回 JavaScript 对象 obj 的 JSON 字符串形式
isArray(value)	如果传入的 value 参数是一个数组对象就返回 true
isDate(value)	如果传入的 value 参数是一个 Date 对象就返回 true
isDefined(value)	如果传入的 value 参数是一个已定义的对象就返回 true
isElement(value)	如果传入的 value 参数是一个 DOM 元素对象或者 jQuery 元素对象就返回 true
isFunction(value)	如果传入的 value 参数是一个 JavaScript 函数就返回 true
isNumber(value)	如果传入的 value 参数是一个数字就返回 true
isObject(value)	如果传入的 value 参数是一个 JavaScript 对象就返回 true
isString(value)	如果传入的 value 参数是一个字符串对象就返回 true
isUndefined(value)	如果传入的 value 参数是一个未定义对象就返回 true
lowercase(string)	返回字符串参数的小写版本
uppercase(string)	返回字符串参数的大写版本

2.9 创建基本的 AngularJS 应用

既然你已经了解了AngularJS框架的基本组件、AngularJS框架的目的和设计以及如何启动AngularJS，接下来就可以开始实现AngularJS代码了。本节将带领你实现一个非常基本的AngularJS应用，它实现一个HTML模板、一个AngularJS模块、一个控制器、一个作用域和一个表达式。

在开始讲解示例之前，需要按照第1章的描述创建一个基本的Node.js Web服务器。本例的文件夹结构如下所示。后续章节的示例中将使用类似的代码结构，只是章节文件夹不断改变。

- ./server.js：提供静态内容的 Node.js 服务器。
- ./images：包含所有章节示例中使用的图像。
- ./ch01：包含本章示例中使用的所有 HTML 文件。
- ./ch01/js：包含本章示例所需的 JavaScript。
- ./ch01/css：包含本章示例所需的 CSS。

当server.js Web服务器开始运行之后，下一步就是实现AngularJS HTML模板(例如，代码清单2-1所示的first.html)和一个AngularJS JavaScript模块(例如，代码清单2-2所示的first.js)。

接下来的小节将描述实现AngularJS应用的重要步骤以及每个步骤涉及的代码。稍后的章节将详细描述所有这些步骤，所以不要在这里深陷其中。此时最重要的是了解实现模板、模块、控制器和作用域的过程，以及它们彼此之间是如何交互的。

代码清单2-1和代码清单2-2定义的Web页面是一个简单的Web表单，需要用户输入姓和名，然后单击按钮显示消息，如图2-1所示。

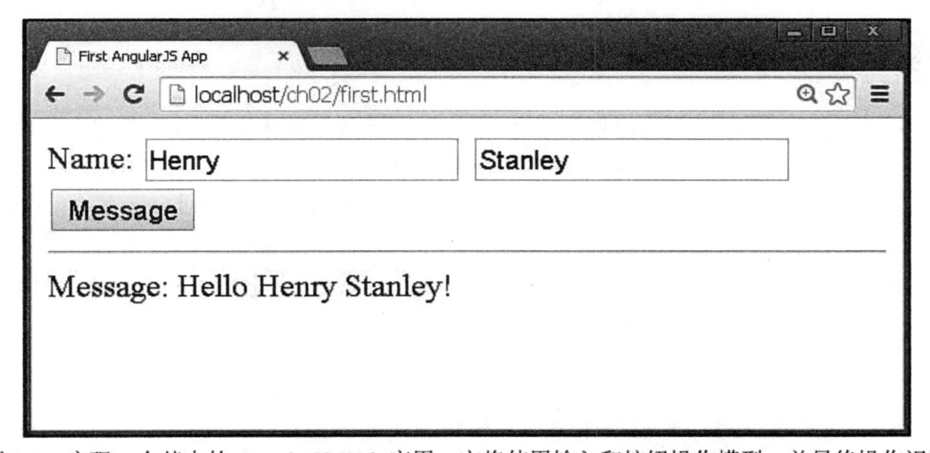

图 2-1　实现一个基本的 AngularJS Web 应用，它将使用输入和按钮操作模型，并最终操作视图

2.9.1　加载 AngularJS 库和主模块

在开始实现AngularJS应用之前，首先需要在HTML模板中加载该库。代码清单2-1中的下面几行代码将加载angular.js库，然后加载first.js JavaScript自定义模块：

```
15    <script src="http://code.angularjs.org/1.2.9/angular.min.js"></script>
16    <script src="/js/first.js"></script>
```

2.9.2　定义 AngularJS 应用根元素

下一步是在根元素中定义ng-app参数，使AngularJS知道从哪里开始编译应用。你还应该在JavaScript代码中定义模块来提供名称空间，在添加控制器、筛选器和服务时使用该名称空间。

代码清单2-1的第2行为AngularJS模块定义DOM根。注意，把模块名firstApp赋给ng-app，它对应JavaScript代码中的模块。

```
02 <html ng-app="firstApp">
```

代码清单2-2的第1行展示JavaScript代码中正在创建的firstApp模块对象：

```
01 varfirstApp = angular.module('firstApp', []);
```

2.9.3 在模板中添加控制器

接下来，需要为希望让AngularJS模块控制的HTML元素添加控制器。还需要在模块代码中定义控制器。

代码清单2-1的第7行将一个名为FirstController的控制器赋给<div>元素。这将把视图中的元素映射到特定的控制器(其中包含一个作用域)：

```
07   <div ng-controller="FirstController">
```

代码清单2-2的第2行展示正在添加到firstApp模块的FirstController代码：

```
02 firstApp.controller('FirstController', function($scope) {
```

2.9.4 实现作用域模型

在定义控制器之后，接下来可以实现作用域，它涉及把HTML元素链接到作用域变量、初始化作用域中的变量以及提供用于处理作用域值变化的功能。

代码清单2-1的第9行和第10行是<input>元素，它们分别被赋予作用域中的first和last值。这些元素提供从浏览器中更新作用域的一个方法。如果用户在input中输入内容，那么作用域也将更新。

```
09 <input type="text" ng-model="first">
10 <input type="text" ng-model="last">
```

代码清单2-2的第3～5行展示正在定义的作用域的初始值：

```
03  $scope.first = 'Some';
04  $scope.last = 'One';
05  $scope.heading = 'Message: ';
```

代码清单2-1的第11行将单击处理程序链接到作用域中定义的updateMessage()函数：

```
11  <button ng-click='updateMessage()'>Message</button>
```

代码清单2-2的第6～8行展示作用域中的updateMessage()定义：

```
06  $scope.updateMessage = function() {
07    $scope.message = 'Hello' + $scope.first +' '+ $scope.last + '!';
08  };
```

第13行实现一个表达式，它将在HTML页面的作用域中显示heading和message变量：

```
13      {{heading + message}}
```

代码清单 2-1：first.html——一个简单的 AngularJS 模板，它提供两个输入元素和一个与模型进行交互的按钮

```
01 <!doctype html>
02 <html ng-app="firstApp">
03   <head>
04     <title>First AngularJS App</title>
05   </head>
06   <body>
07     <div ng-controller="FirstController">
08       <span>Name:</span>
09       <input type="text" ng-model="first">
10       <input type="text" ng-model="last">
11       <button ng-click='updateMessage()'>Message</button>
12       <hr>
13       {{heading + message}}
14     </div>
15     <script src="http://code.angularjs.org/1.2.9/angular.min.js"></script>
16     <script src="js/first.js"></script>
17   </body>
18 </html>
```

代码清单 2-2：first.js——一个简单的 AngularJS 模块，它实现支持代码清单 2-1 中模板的控制器

```
01 var firstApp = angular.module('firstApp', []);
02 firstApp.controller('FirstController', function($scope) {
03   $scope.first = 'Some';
04   $scope.last = 'One';
05   $scope.heading = 'Message: ';
06   $scope.updateMessage = function() {
07     $scope.message = 'Hello ' + $scope.first +' '+ $scope.last + '!';
08   };
09 });
```

2.10　在 AngularJS 应用中使用 jQuery 或者 jQuery Lite

在AngularJS应用中，因为你至少会使用到jQuery Lite，所以了解jQuery、jQuery Lite和AngularJS之间的交互是非常重要的。即使你不是一个jQuery开发者，了解这些交互也将帮助你编写更好的AngularJS应用。如果是一个jQuery开发者，那么了解交互将帮助你更好地在AngularJS应用中利用你的jQuery知识。

接下来的小节将描述jQuery Lite实现，并对jQuery/jQuery Lite交互进行简单介绍(在你的AngularJS应用中将会看到这些内容)。下面的章节将对该主题进行扩展，因为你将看到在AngularJS应用中使用jQuery对象的一些实际例子。

2.10.1　jQuery Lite

jQuery Lite只是jQuery的一个简化版本，它直接内置于AngularJS中。这是为了提供jQuery所有有用的功能，并把它约束在AngularJS的责任分离模式中。

表2-2列出了jQuery Lite中可用的jQuery方法，以及它们的限制。只有在自定义指令等中强制执行这些方法(如操作元素)时限制才是必需的。

表 2-2　jQuery Lite 支持的 jQuery 方法

jQuery 方法	jQuery Lite 中的限制(如果有限制)
addClass()	
after()	
append()	
attr()	
bind()	不支持名称空间、选择器或者 eventData
children()	不支持选择器
clone()	
contents()	
css()	
data()	
detach()	
emtyp()	
eq()	
find()	限于按照标签名查找
hasClass()	
html()	
text()	不支持选择器
on()	不支持名称空间、选择器或者 eventData
off()	不支持名称空间或者选择器
one()	不支持名称空间或者选择器
parent()	不支持选择器
prepend()	
prop()	
ready()	
remove()	
removeAttr()	
removeClass()	

(续表)

jQuery 方法	jQuery Lite 中的限制(如果有限制)
removeData()	
replaceWith()	
toggleClass()	
triggerHandler()	向处理程序中传入一个虚拟事件对象
unbind()	不支持名称空间
val()	
wrap()	

表2-3列出了AngularJS添加到jQuery Lite对象中的额外事件和方法。

表 2-3　添加到 jQuery Lite 对象中的方法和事件

方法/事件	说　明
$destroy	AngularJS 将拦截所有 jQuery 或者 jQuery Lite DOM 的销毁调用，并在所有正在被移除的 DOM 节点上触发该事件。这可以用于在 DOM 元素移除之前清除所有的第三方绑定
controller(name)	返回当前元素或者它的父元素的控制器对象。如果未指定名称，那么返回与 ngController 指令相关联的控制器。如果参数中提供的是指令名称，那么返回该指令的控制器
injector()	返回当前元素或者它的父元素的注入器对象
scope()	返回当前元素或者它的父元素的作用域对象
isolateScope()	返回一个隔离作用域对象(如果它被直接附加到当前元素上)。该方法只对包含开始一个新隔离作用域的指令的元素有效
inheritedData()	作用与 jQuery 的 data()方法相同，但该方法将一直遍历 DOM，直到找到目标值，或者到达顶级父元素

2.10.2　访问 jQuery 或者 jQuery Lite 库

对于大多数AngularJS应用，AngularJS中内置的jQuery Lite库都足以够用。不过，如果需要使用jQuery完整版本的额外功能，那么可以在加载AngularJS库之前加载jQuery库。例如：

```
<scriptsrc="http://code.jquery.com/jquery-1.11.0.min.js"></script>
<scriptsrc="http://code.angularjs.org/1.2.9/angular.min.js"></script>
```

无论加载的是jQuery Lite还是完整的jQuery库，当AngularJS启动时，在AngularJS代码中都可以使用可用的angular变量的element特性访问jQuery。事实上，angular.element是通常在jQuery应用中使用的jQuery变量的别名。我曾经见过的描述这种关系的最佳方式之一就是：

```
angular.element() === jQuery() === $()
```

2.10.3 直接访问 jQuery 或者 jQuery Lite

你往往会使用AngularJS为你创建的jQuery对象中的jQuery或者jQuery Lite功能。在AngularJS中，所有元素的引用始终都封装为jQuery或者jQuery Lite对象；它们永远也不是原生DOM对象。

例如，当在AngularJS中创建指令时(如本书稍后所讨论的)，把一个元素传递给link函数。如这里所示，该元素是一个jQuery或者jQuery Lite对象，可以使用相应的jQuery功能：

```
angular.module('myApp', [])
 .directive('myDirective', function() {
     . . .
     link: function(scope, elem, attrs, photosControl) {
       //elem is a jQuery lite object
       elem.addClass(...);
     }
   };
```

访问jQuery功能的另一个示例是：在AngularJS绑定上触发的事件中访问。例如，请考虑下面的代码，它将通过ngClick绑定将<div>元素上的浏览器事件绑定到AngularJS代码中的clicked()函数：

```
<div ng-click="clicked($event)">Click Me</div>
You can access a jQuery version of the object using the following AngularJS code:
$scope.clicked = function(event){
  var jQueryElement = angular.element(event.target);
};
```

注意，必须使用angular.element()方法将目标DOM对象转换为jQuery对象。

2.11 小结

AngularJS是一个JavaScript库框架，它为网站和Web应用的创建提供一种非常结构化的方法。AngularJS将按照一种非常清晰的MVC风格的样式组织Web应用。AngularJS作用域将为应用提供数据模型的上下文绑定，它由基本的JavaScript对象所组成。AngularJS将使用含有指令(扩展HTML功能)的模板，通过这种方式可以实现完全定制的HTML组件。

本章讲解了AngularJS应用中的不同组件以及它们彼此之间是如何交互的。我们也学习了AngularJS应用的生命周期，它涉及启动、编译和运行时阶段。在本章末尾，我们学习了一个实现基本AngularJS应用的分步示例，包括模板、模块、控制器和作用域。

第3章

了解 AngularJS 应用动态

需要了解AngularJS的最重要的一个方面是：依赖注入以及它与模块之间的关系。依赖在许多服务器端语言中是一个常见概念，但在JavaScript中并未真正实现过，直到AngularJS的出现才改变了这种状况。

依赖注入允许AngularJS模块维护一个非常清晰、有条理的格式，也更易于访问其他模块的功能。如果实现正确，它还可以减少大量代码。

本章简单概述依赖注入，然后描述如何创建提供功能的模块，以及如何使用其他模块和其他AngularJS组件(如控制器)的功能。

3.1 了解模块和依赖注入

当开始编写AngularJS应用时，了解AngularJS领域中模块和依赖注入的基础知识是非常重要的。这对于某些读者似乎是一个难以理解和实现的概念，对于具有更开放、更通用JavaScript背景的读者来说尤其如此。

本节将介绍AngularJS模块和依赖注入背后的概念。了解模块如何使用依赖注入来访问其他模块中的功能，将使你在AngularJS框架中实现自己的代码变得更加容易。

3.1.1 了解模块

AngularJS模块就是容器，通过使用模块可以将代码划分和组织成清晰、整洁和可重用的代码块。模块自身并不提供直接的功能，但它们包含其他对象的实例，这些实例可以提供相应的功能，如控制器、筛选器、服务和动画。

通过定义模块提供的对象来构建模块。然后通过依赖注入的方式链接模块来构建完整的应用。

AngularJS是基于模块原则构建的。由AngularJS提供的大多数功能都内置在模块ng中，它包含本书通篇使用的大多数指令和服务。

3.1.2 依赖注入

依赖注入可能是个非常难以理解的概念。不过，它是AngularJS中一个非常重要的部分，当了解它的基础知识之后，AngularJS的实现将变得非常清晰。依赖注入在许多服务器端语言中是一个非常知名的设计模式，但在JavaScript框架中并未得到广泛应用，直到AngularJS出现以后才改变了这种状况。

AngularJS依赖注入的概念是：定义和动态地注入依赖对象到另一个对象中，使所有依赖对象提供的功能都可用。AngularJS将通过使用提供者和注入器服务提供依赖注入。

1. 提供者

提供者本质上是一个定义，它描述如何创建包含所有必需功能的对象的实例。提供者应该定义为AngularJS模块的一部分。模块将使用注入器服务器注册提供者。AngularJS应用中只会创建一个提供者对象的实例。

2. 注入器

注入器服务负责追踪提供者对象的实例。AngularJS将为每个注册提供者的模块都创建一个注入器服务实例。当提供者对象收到依赖请求时，注入器服务首先将检查注入器缓存中是否已经存在一个目标实例。如果已经存在，那么该实例将使用。如果缓存中未找到实例，那么AngularJS将使用提供者定义创建新实例，存储在缓存中，然后返回。

3.2 定义 AngularJS Module 对象

创建AngularJS模块是一个简单的过程，调用angular.module()方法即可。该方法将创建一个Module对象的实例，使用注入器服务注册它，然后返回新创建的Module对象(可以使用该对象实现提供者功能)。angular.module()方法将使用下面的语法：

```
angular.module( name, [ requires] , [ configFn] )
```

参数name是模块在注入器服务中注册时使用的名字。参数requires是一个模块名称数组(这些名字是模块在注入器服务中注册供其他模块使用的)。如果需要使用另一个模块提供的功能，就需要将它添加到requires列表中。实例化时，因为ng模块默认将自动添加到所有模块中，所以无须在列表中显式地指定ng即可访问AngularJS提供者。

所有依赖的实例将自动注入模块的实例中。依赖可以是注入器服务中注册的模块、服务和任何其他对象。参数configFn是另一个函数，它将在模块配置阶段调用。下一节将描述该配置函数。

下面是创建一个依赖于$window和$http服务的AngularJS模块的示例。该定义还包含一个配置函数，该函数添加一个名为myValue的value提供者：

```
var myModule = angular.module('myModule', [ '$window', '$http'] , function(){
    $provide.value('myValue', 'Some Value');
});
```

如果并未指定requires参数，那么返回已经创建的实例，而不是返回正在创建的模块对象。例如，下面的代码将改写之前定义的实例：

```
var myModule2 = angular.module('myModule', []);
```

不过，下面的代码将返回之前创建的实例，因为参数列表中的require数组中没有包含任何依赖：

```
var myModule3 = angular.module('myModule');
```

3.3 在 AngularJS 模块中创建提供者

AngularJS为各种对象和服务提供许多内置的提供者。例如，$window服务有一个构建AngularJS服务对象的提供者，通过该提供者你可以与JavaScript中基本的Window对象进行交互。除了这些提供者之外，你也可以创建自己的提供者，从而将功能注入AngularJS应用组件中。

Module对象为添加提供者提供了几个帮助方法，作为config()方法的替代方法。这些方法在代码中更易于使用，也更清晰。可以在AngularJS模块中添加两种类型的提供者对象。所有这些方法都接受两个参数：在依赖注入器中注册的名称和定义如何构建特定对象的提供者函数。下面将详细描述这些方法。

3.3.1 专用的 AngularJS 对象提供者

Module对象提供了专用的构造函数方法用于为AngularJS对象添加提供者(需要在自己的模块中实现)。通过这些专用方法，可以为下面这些对象类型添加定义：

- animation(name, animationFactory)
- controller(name, controllerFactory)
- filter(name, filterFactory)
- directive(name, directiveFactory)

这些方法称为专用方法的原因是：AngularJS中为这些提供者方法提供对应的animation、controller、filter和directive对象。

本节稍后将详细讲所有这些对象。现在，请查看下面这个基本的控制器定义：

```
var mod = angular.module('myMod', []);
mod.controller('myController', function($scope) {
  $scope.someValue = 'Some Value';
});
```

创建一个名为mod的简单模块，然后调用controller()方法，其中传入myController和controllerFactory函数作为参数。controllerFactory函数将接受$scope变量作为参数。这是因为AngularJS有一个内置的控制器对象，并且知道控制器对象必须接受一个作用域对象作为第一个参数。

3.3.2 服务提供者

服务提供者是提供者的唯一分类，因为结果提供者对象没有特定的格式。相反，提供者像服务一样提供功能。AngularJS提供一些特有的创建方法，用于构建服务并通过下面的方法提供它们。

- value(name, object)：这是最基本的提供者。因为只把参数 object 赋给 name，所以在注入器中 name 值和 object 值之间有一个直接的关联。
- constant(name, object)：它类似于 value()方法，但它的值是不可变的。另外，constant()将在其他提供者方法之前应用。
- factory(name, factoryFunction)：该方法将使用 factoryFunction 参数构建一个由注入器提供的对象。
- service(name, serviceFactory)：该方法添加了为提供者对象实现一种更加面向对象的方式的概念。AngularJS 的许多内置功能都是通过服务提供者提供的。
- provider(name, providerFactory)：该方法是所有其他方法的核心。尽管它提供大多数功能，但它的使用频率并不高，因为其他方法更加简单。

接下来将详细讲解这些对象。现在，请查看一些基本的value和constant定义的简单示例：

```
var mod = angular.module('myMod', []);
mod.constant("cID", "ABC");
mod.value('counter', 0);
mod.value('image', {name:'box.jpg', height:12, width:20});
```

这个示例创建一个名为mod的简单模块对象，然后定义一个constant()提供者和两个values()提供者。定义在这些方法中的值在注入器服务器中注册为myMod模块，之后可以通过名称访问它们。

3.4 实现提供者和依赖注入

在定义模块和适当的提供者之后，可以将模块作为依赖添加到其他模块、控制器和其他各种AngularJS对象中。可以设置依赖于提供者的对象的$inject属性的值。$inject属性包含应该注入的提供者名称的数组。

例如，下面的代码定义一个接受$scope和appMsg参数的基本控制器。然后把$inject属性设置为一个包含$scope的数组，$scope是一个提供访问作用域和自定义appMsg的AngularJS作用域服务。$scope和appMsg都将注入myController函数中：

```
var myController = function($scope, appMsg) {
  $scope.message = appMsg;
};
controller[ '$inject'] = [ '$scope', 'appMsg'];
myApp.myController('controllerA', controller);
```

当正在实现特定的对象时，该方法可能变得有点臃肿，所以AngularJS也为注入依赖提供了一些更加优雅的方法，可以使用下面的语法替换正常的构造函数：

```
[ providerA, providerB, . . ., function(objectA, objectB, . . .) {} ]
```

例如，之前的代码也可以写成下面的形式：

```
myApp.controller('controllerA', [ '$scope', 'appMsg', function($scope, appMsg) {
  $scope.message = appMsg;
}]);
```

在继续学习之前了解依赖注入是非常关键的，所以接下来将会演示一些示例。接下来的小节提供在AngularJS应用中实现依赖注入的示例清单。

3.4.1　在控制器中注入内置提供者

代码清单3-1展示一个使用依赖注入的示例，它将把$scope和$window服务的功能注入AngularJS控制器中。代码清单3-1中定义的AngularJS应用是非常简单的。它在第2行定义一个基本控制器，并使用依赖注入将$scope和$window服务注入其中，然后在第3行和第4行它使用$window服务显示一个警告框，内容为$scope中存储的消息。

代码清单3-2展示一个HTML页面，该页面将使用代码清单3-1中定义的myApp模块，并为controllerA实现视图。图3-1显示了结果Web页面和警告消息。

代码清单 3-1：inject_builtin.js——在控制器中实现对内置服务的依赖注入

```
01 var myMod = angular.module('myApp', []);
02 myMod.controller('controllerA', [ '$scope', '$window',
03                             function($scope, $window) {
04   $scope.message = "My Module Has Loaded!";
05   $window.alert($scope.message);
06 }]);
```

代码清单 3-2：inject_builtin.html——使用 HTML 代码实现 AngularJS 模块，该模块实现依赖注入

```
01 <!doctype html>
02 <html ng-app="myApp">
03  <head>
04    <title>AngularJS Dependency Injection</title>
05  </head>
06  <body>
07    <div ng-controller="controllerA">
08      <h2>This Page has an Alert</h2>
09    </div><hr>
10    <script src="http://code.angularjs.org/1.2.9/angular.min.js"></script>
11    <script src="js/inject_builtin.js"></script>
12  </body>
13 </html>
```

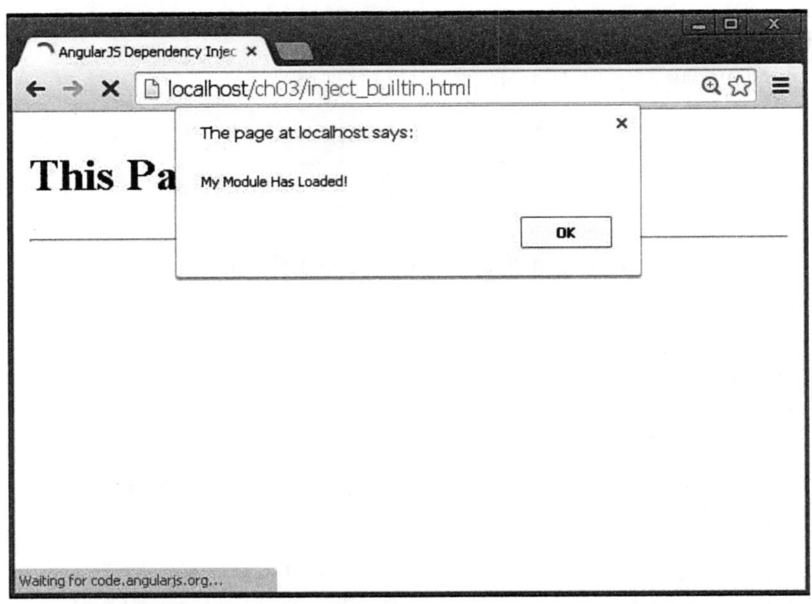

图 3-1　实现对$window 服务的依赖注入，并在警告框中显示$scope 中的消息

3.4.2　实现自定义提供者并将它注入控制器中

代码清单3-3展示如何在两个模块之间实现依赖注入，每个模块都拥有自己的值提供者和控制器。第2行和第8行添加值提供者。第3行和第9行使用依赖注入将值提供者注入每个模块的控制器中。

注意，在第7行，模块myApp的定义将模块myMod包含在它的依赖列表中。这将会在myApp模块中注入myMod实例，包括封装在其中的controllerB功能。

代码清单3-4展示一个实现myApp模块作为AngularJS应用的HTML。注意，它同时使用controllerA和controllerB控制器。因为myMod模块已经注入myApp模块中，所以这两个控制器都可以使用。图3-2显示了结果Web页面，该页面分别显示了每个模块控制器中的不同消息。

代码清单 3-3：inject_custom.js——在控制器和模块定义中实现依赖注入

```
01 var myMod = angular.module('myMod', []);
02 myMod.value('modMsg', 'Hello from My Module');
03 myMod.controller('controllerB', ['$scope', 'modMsg',
04                              function($scope, msg) {
05   $scope.message = msg;
06 }]);
07 var myApp = angular.module('myApp', ['myMod']);
08 myApp.value('appMsg', 'Hello from My App');
09 myApp.controller('controllerA', ['$scope', 'appMsg',
10                              function($scope, msg) {
11   $scope.message = msg;
12 }]);
```

代码清单 3-4：inject_custom.html——使用 HTML 代码实现依赖于另一个模块的 AngularJS 模块

```
01 <!doctype html>
02 <html ng-app="myApp">
03   <head>
04     <title>AngularJS Dependency Injection</title>
05   </head>
06   <body>
07     <div ng-controller="controllerA">
08       <h2>Application Message:</h2>
09       {{message}}
10     </div><hr>
11     <div ng-controller="controllerB">
12       <h2>Module Message:</h2>
13       {{message}}
14     </div>
15     <script src="http://code.angularjs.org/1.2.9/angular.min.js"></script>
16     <script src="/js/injector_custom.js"></script>
17   </body>
18 </html>
```

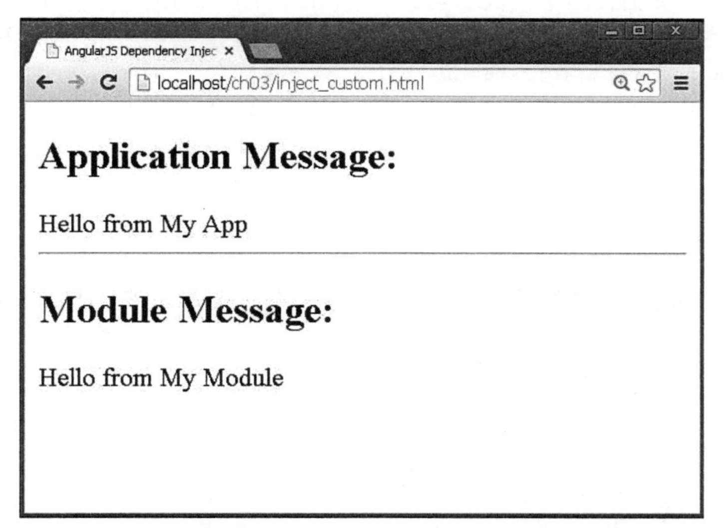

图 3-2　通过实现依赖注入为模块和控制器提供额外的功能

3.5　为模块应用配置块和运行块

既然你已经了解了模块和依赖注入之间的关系，接下来需要了解的就是实现AngularJS模块的过程。AngularJS模块将在两个阶段中实现：配置阶段和运行阶段。下面将讨论这些阶段以及向AngularJS模块添加提供者的基本过程。

3.5.1 添加配置块

当正在定义模块时，将执行AngularJS模块配置阶段。在该阶段，所有提供者都将注册到依赖注入器。你只应该在配置块中添加配置和提供者代码。

通过调用Module对象实例的config()方法实现配置块，具体语法如下所示：

```
config( function([ injectable, . . .]) )
```

传入一个接受injectable参数的函数。injectable参数通常是提供者服务函数，如$provide。

下面是一个基本的配置块：

```
var myModule = angular.module('myModule', []).
  config(function($provide, $filterProvider) {
    $provide.value("startTime", new Date());
    $filterProvider.register('myFilter', function(){});
});
```

注意，把$provide和$filterProvider服务传入config函数中。它们用于注册一个名为startTime的值提供者和一个名为myFilter的筛选器提供者(使用注入器服务)。

3.5.2 添加运行块

完成整个配置块之后，可以执行AngularJS模块的运行阶段。在该阶段中，可以实现实例化模块所需的代码。你不能在运行块中实现任何提供者代码，因为此时整个模块应该已经完成了配置，并且已经使用依赖注入器完成了注册。

对于需要在应用的根级别执行的事件处理程序(如验证处理程序)，运行块是添加它们的一个好位置。

调用Module对象的run()方法实现run块，具体语法如下所示：

```
run(function([ injectable, . . .]) )
```

传入一个接受injectable参数的函数。参数injectable只应该是注入器的实例，因为配置应该已经完成了。

下面是之前示例的run块的基本实现：

```
myModule.run(function(startTime) {
  startTime.setTime((new Date()).getTime());
});
```

注意，把之前config()小节中定义的startTime实例传入run()函数中。这将允许run()函数把startTime提供者更新为一个新值。

3.5.3 实现配置块和运行块

代码清单3-5展示一个实现非常基本的配置块和运行块的示例。在第2～8行，config()方法用于实现两个提供者：configTime和runTime，它们都是JavaScript Date对象。注意，在第5～7行是一个简单循环，它将会产生一个延迟，用于模拟在配置过程中可能出现的延迟。

第9～11行实现一个run()方法。注意，它接受在配置期间创建的configTime和runTime实例，并将runTime值更新为当前时间。然后第12～16行实现一个控制器，用于设置作用域中的configTime和runTime值。

代码清单3-6展示一个实现myApp模块并显示configTime和runTime值的HTML。可以看到，注入的延迟造成时间值的变化。图3-3显示最终Web页面。

代码清单 3-5：config_run_blocks.js——在 AngularJS 模块中实现配置和运行块

```
01 var myModule = angular.module('myApp', []);
02 myModule.config(function($provide) {
03     $provide.value("configTime", new Date());
04     $provide.value("runTime", new Date());
05     for(var x=0; x<1000000000; x++){
06       var y = Math.sqrt(Math.log(x));
07     }
08 });
09 myModule.run(function(configTime, runTime) {
10   runTime.setTime((new Date()).getTime());
11 });
12 myModule.controller('controllerA',[ '$scope', 'configTime', 'runTime',
13     function($scope, configTime, runTime){
14   $scope.configTime = configTime;
15   $scope.runTime = runTime;

16 }]);
```

代码清单 3-6：config_run_blocks.html——使用 HTML 代码显示 AngularJS 模块的配置块和运行块中生成的 configTime 与 runTime 值

```
01 <!doctype html>
02 <html ng-app="myApp">
03  <head>
04    <title>AngularJS Configuration and Run Blocks</title>
05  </head>
06  <body>
07    <div ng-controller="controllerA">
08      <hr>
09      <h2>Config Time:</h2>
10      {{configTime}}
11      <hr>
12      <h2>Run Time:</h2>
13      {{runTime}}
14    </div><hr>
15    <script src="http://code.angularjs.org/1.2.9/angular.min.js"></script>
16    <script src="js/config_run_blocks.js"></script>
17  </body>
18 </html>
```

图 3-3 实现配置和运行块，它们将设置和使用 JavaScript 日期对象显示每次执行的时间

3.6 小结

通过依赖注入，我们可以定义能够注入其他AngularJS组件中的提供者功能。提供者功能包含在模块中，并使用注入器服务进行注册。提供者定义如何构建功能，这样当另一个组件定义对提供者的依赖时，一个提供者对象的实例就可以创建和注入。

AngularJS提供一种相当健壮的依赖注入模型，通过它可以定义不同类型的服务提供者。使用依赖注入而不是全局定义将使代码更加模块化，也更加易于维护。本章介绍了依赖注入模型，并演示了如何在模块和控制器组件中实现它。

第 4 章

实现作用域作为数据模型

AngularJS应用最重要的部分之一就是作用域。作用域不仅提供在模型中表示的数据，还将把AngularJS应用的所有其他组件绑定在一起，如模块、控制器、服务和模板。本章将讲解作用域和其他AngularJS组件之间的关系。

作用域提供绑定机制，通过这种机制，当模型数据发生变化时，DOM元素和其他代码也将更新。在本章你将会学到根作用域和子作用域。你还将学习作用域层次结构以及如何实现它们。

4.1 了解作用域

在AngularJS中，作用域充当的是应用的数据模型。它是所有(以任何形式依赖于数据的)应用最关键的部分之一，因为它是绑定视图、业务逻辑和服务器端数据的胶水。了解作用域的工作方式有助于设计出更高效的AngularJS应用，使用更少的代码并且易于理解。

接下来的小节将讨论作用域和应用、控制器、模板和服务器端数据之间的关系。还有一小节将用于讨论作用域的生命周期，帮助你了解作用域在应用生命周期过程中是如何构建、操作和更新的。

4.1.1 根作用域和应用之间的关系

当应用启动时，根作用域也会随之创建。根作用域将存储应用级别的数据，可以使用$rootScope服务访问它。根作用域数据应该在模块的run()块中初始化，但是也可以在模块的组件中访问它。为了说明这一点，下面的代码定义一个根作用域级别的值，然后在控制器中访问它：

```
angular.module('myApp', [])
.run(function($rootScope) {
    $rootScope.rootValue = 5;
})
.controller('myController', function($scope, $rootScope) {
```

```
  $scope.value = 10;
  $scope.difference = function() {
      return $rootScope.rootValue - $scope.value;
  };
});
```

4.1.2 作用域和控制器之间的关系

控制器是通过增强作用域来提供业务逻辑的代码。可以使用应用的Model对象的controller()方法创建控制器。该函数将注册一个控制器作为模块的提供者，但它不会创建控制器的实例。这将在ng-controller指令链接到AngularJS模板时发生。

controller()方法将接受控制器名字作为第一个参数，一个依赖数组作为第二个参数。例如，下面的代码定义一个使用依赖注入访问名为start的值提供者的控制器：

```
angular.module('myApp', []).
  value('start', 200).
  controller('Counter', [ '$scope', 'start',
                        function($scope, startingValue) {
  }]);
```

当AngularJS中创建控制器的一个新实例时，特定于该控制器的一个新子作用域也将创建，并且可以通过之前Counter控制器中注入的$scope服务访问它。另外在之前展示的示例中，start提供者也注入控制器中，并且被传入控制器函数中作为参数startingValue。参数注入是基于它们传入controller()函数的数组中的位置实现的。

控制器必须初始化(创建并添加到控制器中的)作用域的状态。控制器还将负责所有附加到该作用域的业务逻辑。这意味着可能需要处理作用域的更新变动、操作作用域值或者基于作用域的状态发出事件。

代码清单4-1展示如何实现一个使用依赖注入、初始化某些值并实现基本业务逻辑(使用inc()、dec()和calcDiff())的控制器。注意，第5～8行把几个值存储在作用域变量start、current、difference和change中。这些值接下来将在inc()、dec()和calcDiff()函数中进行操作。

代码清单4-2展示一个基本的AngularJS HTML模板，该模板提供一个视图用于查看和操作作用域中存储的值。图4-1展示实际的Web页面。可以设置递增/递减值，然后单击+/-按钮递减当前值，并查看作用域中发生的变化。

代码清单 4-1：scope_controller.js——实现一个基本的控制器，它将使用依赖注入、初始化作用域值和实现业务逻辑

```
01 angular.module('myApp', []).
02   value('start', 200).
03   controller('Counter', [ '$scope', 'start',
04                         function($scope, start) {
05     $scope.start = start;
06     $scope.current = start;
07     $scope.difference = 0;
08     $scope.change = 1;
09     $scope.inc = function() {
```

```
10       $scope.current += $scope.change;
11       $scope.calcDiff();
12     };
13     $scope.dec = function() {
14       $scope.current -= $scope.change;
15       $scope.calcDiff();
16     };
17     $scope.calcDiff = function() {
18       $scope.difference = $scope.current - $scope.start;
19     };
20   }]);
```

代码清单 4-2：scope_controller.html——使你可以看到作用域中的数据根据递增和递减的值而动态变化的 HTML 模板

```
01 <!doctype html>
02 <html ng-app="myApp">
03   <head>
04     <title>AngularJS Basic Scope</title>
05   </head>
06   <body>
07     <div ng-controller="Counter">
08       <span>Change Amount:</span>
09       <input type="number" ng-model="change"><hr>
10       <span>Starting Value:</span>
11       {{start}}
12       <br>
13       <span>CurrentValue:</span>
14       {{current}}
15       <button ng-click='inc()'>+</button>
16       <button ng-click='dec()'>-</button><hr>
17       <span>Difference:</span>
18       {{difference}}
19     </div>
20     <script src="http://code.angularjs.org/1.3.0/angular.min.js"></script>
21     <script src="js/scope_controller.js"></script>
22   </body>
23 </html>
```

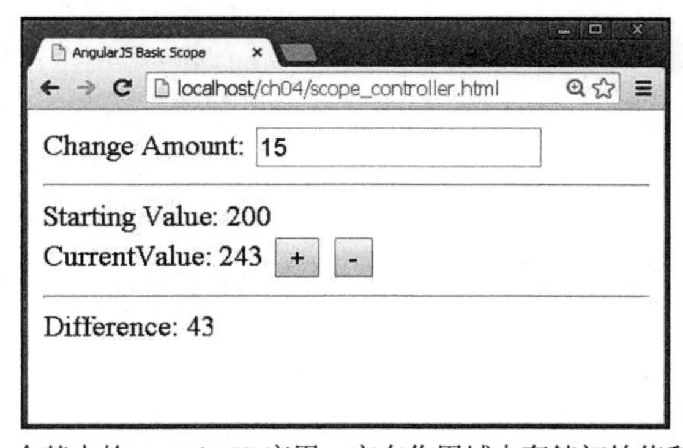

图 4-1　一个基本的 AngularJS 应用，它在作用域中存储初始值和当前值，然后通过显示它们的区别来演示作用域数据的交互

4.1.3　作用域和模板之间的关系

模板为AngularJS应用提供视图。使用ng-controller特性，可以将HTML元素定义为控制器。在控制器HTML元素和它的子元素中，该控制器的作用域对于表达式和其他AngularJS功能是可用的。

使用ng-model指令，作用域中的值可以直接链接到模板中的<input>、<select>和<textarea>元素。该指令将把元素的值链接到作用域中的属性名。当用户改变输入元素的值时，作用域也将自动更新。例如，下面的代码将把<input>元素的数字值链接到作用域valueA：

```
<input type="number" ng-model="valueA" />
```

通过使用{{expression}}语法可以将作用域属性(甚至是函数)添加到表达式中。花括号中的代码将被执行，并且结果将显示在渲染的视图中。例如，如果作用域包含名为valueA和valueB的属性，那么可以在模板的表达式中引用这些属性，如下面的代码所示：

```
{{valueA + valueB}}
```

在模板中定义AngularJS指令时也可以使用作用域属性和函数。例如，ng-click指令将把浏览器的单击事件绑定到作用域中的函数addValues()，并将属性valueA和valueB的值传递到作用域中：

```
<span ng-click="addValues(valueA, valueB")>Add Values{{valueA}} & {{valueB}}</span>
```

注意，在该代码中，{{}}括号是必需的。不过，在addValues()函数调用中，它们不是必需的。这是因为ng-click和其他AngularJS指令将自动被当作表达式进行计算。

代码清单4-3和代码清单4-4中的代码将把所有这些概念融入一个非常基本的示例中，从而帮助你理解模型和作用域之间的关系。代码清单4-2实现一个名为SimpleTemplate的控制器，该控制器将使用3个值valueA、valueB和valueC初始化作用域。该作用域还包含一个名为addValues()的函数，该函数将接受两个参数，并将它们相加然后设置为$scope.valueC的值。

代码清单4-4实现一个初始化(代码清单4-3中定义的)SimpleTemplate控制器的模板。第8行和第9行将使用ng-model把valueA和valueB属性的值链接到<input>元素。第10行将使用作用域中valueA和valueB的值显示表达式。第11行将把作用域中的valueA和valueB相加并显示结果。

第12行和第13行实现一个<input>元素，它将使用ng-click把浏览器单击事件绑定到作用域中的addValues()函数。注意，valueA和valueB将作为参数传入函数中。

图4-2在Web浏览器中显示了这个简单的应用。当两个输入元素改变时，表达式也将自动改变。不过，只有当单击“Click to Add Values”元素时，valueC表达式才会改变。

代码清单 4-3：scope_template.js——实现一个支持模板功能的基本控制器

```
01 angular.module('myApp', []).
02   controller('SimpleTemplate', function($scope) {
03     $scope.valueA = 5;
04     $scope.valueB = 7;
05     $scope.valueC = 12;
```

```
06    $scope.addValues = function(v1, v2) {
07      var v = angular.$rootScope;
08      $scope.valueC = v1 + v2;
09    };
10  });
```

代码清单 4-4：scope_template.html——实现控制器的 HTML 模板代码，以及各种链接到作用域的 HTML 字段

```
01 <!doctype html>
02 <html ng-app="myApp">
03   <head>
04     <title>AngularJS Scope and Templates</title>
05   </head>
06   <body>
07     <div ng-controller="SimpleTemplate">
08       ValueA: <input type="number" ng-model="valueA" /><br>
09       ValueB: <input type="number" ng-model="valueB" /><br><br>
10       Expression: {{valueA}} + {{valueB}}<br><br>
11       Live Expression Value: {{valueA + valueB}}<br><br>
12       <input type="button" ng-click="addValues(valueA, valueB)"
13         value ="Click to Add Values {{valueA}} & {{valueB}}" /><br>
14       Clicked Expression Value: {{valueC}}<br>
15     </div>
16     <script src="http://code.angularjs.org/1.3.0/angular.min.js"></script>
17     <script src="js/scope_template.js"></script>
18   </body>
19 </html>
```

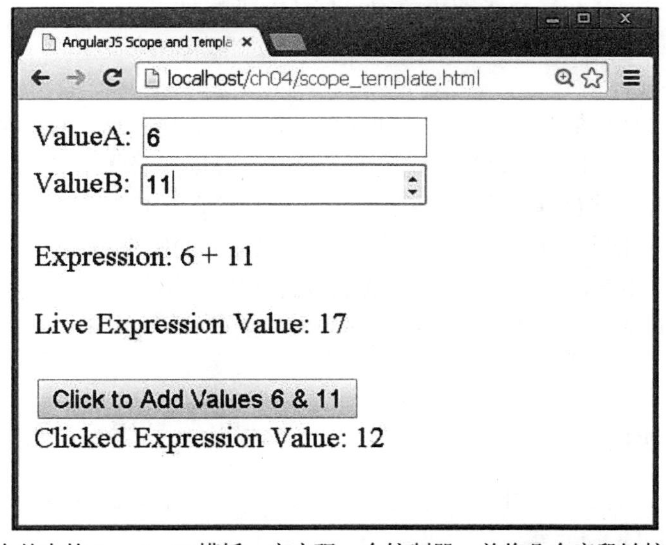

图 4-2　一个基本的 AngularJS 模板，它实现一个控制器，并将几个字段链接到作用域，用于提供输入值并显示结果

4.1.4 作用域和后端服务器数据之间的关系

通常AngularJS应用中的数据来自于后端数据源，如数据库。在这种情况下，作用域仍然是AngularJS应用的权威数据源。当与来自于服务器端的数据进行交互时，需要遵守以下规则。

- 使用 AngularJS 服务访问来自数据库或者其他后端源的数据，这将在第 9 章中进行讨论。数据的访问包括读取和更新数据。
- 保证来自服务器的数据将更新作用域，接着作用域将会更新视图中的数据。避免来自数据库的数据直接操作 HTML 值，这可能会导致作用域和视图出现不同步。
- 数据库或者其他后端数据中的改变也同步到作用域中。可以通过先更新作用域，后使用服务更新数据库的方式实现这一点，或者也可以先更新数据库，后使用数据库中的结果重新填充作用域中对应的值。

4.1.5 作用域生命周期

当应用在浏览器中加载完成时，作用域数据也会经历自己的生命周期。了解这个生命周期过程有助于理解作用域和其他AngularJS组件之间的交互(尤其是模板)。

作用域数据将经历下面的生命周期阶段：

(1) 创建

(2) 监视器注册

(3) 模型变化

(4) 变化观察

(5) 作用域销毁

这些生命周期阶段将在接下来的小节中进行详细讲解。

1. 创建阶段

创建阶段发生在作用域初始化时。启动应用时将创建一个根作用域。当遇到ng-controller或者ng-repeat指令时，控制器或者指令链接到模板时将会创建子作用域。

另外在创建阶段，将创建一个digest循环，用于与浏览器事件循环进行交互。该digest循环负责使用模型的变化更新DOM元素，并执行所有已注册的监视器函数。尽管你永远也不应该需要手动执行一个digest循环，但是可以通过执行作用域中的$digest()方法实现。例如，下面的代码将执行所有的异步改动，然后执行作用域中的监视函数。

```
$scope.$digest()
```

2. 监视器注册阶段

监视器注册阶段将注册作用域中的值(显示在模板中的值)的监视器。这些监视器将自动把模型的变化传播到DOM元素。

也可以使用$watch()方法在作用域值上注册自己的监视函数。该方法接受一个作用域属性名作为第一个参数，以及一个回调函数作为第二个参数。当作用域中的属性改变时，新值和旧值将同时被传入回调函数。

例如，下面的代码将为作用域中的watchedItem属性添加一个监视器，并在每次该属性改变时递增计数器的值：

```
$scope.watchedItem = 'myItem';
$scope.counter = 0;
$scope.$watch('name', function(newValue, oldValue) {
  $scope.watchedItem = $scope.counter + 1;
});
```

3. 模型变化阶段

当作用域中的数据改变时将会触发模型变化阶段。当改变AngularJS代码中的值时，作用域函数$apply()将更新模型，并调用$digest()函数更新DOME和监视器。AngularJS控制器中的变化或者$http、$timeout和$interval服务自动做出的变化就是这样自动更新到DOM中的。

你始终应该在AngularJS控制器或者这些服务中尝试修改作用域。不过，如果必须在AngularJS领域之外修改作用域，就需要调用作用域中的$apply()函数，强制模型和DOM正确地完成更新。$apply()方法接受一个表达式作为唯一的参数。将计算并返回该表达式，也将调用$digest()方法用于更新DOM和监视器。

4. 变化监测阶段

当digest循环、$apply()调用或者手动执行$digest()方法时，将会触发变化监测阶段。当$digest()执行时，它将为模型变化执行所有的监视器。如果某个值发生改变，$digest()将调用$watch侦听器并更新DOM。

5. 作用域销毁阶段

$destroy()方法将从浏览器内存中移除作用域。当子作用域不需要继续存在时，AngularJS库将自动调用该方法。$destroy()方法将停止$digest()调用并移除监视器，允许浏览器内存回收器回收内存。

4.2 实现作用域层次结构

作用域的一个重要功能是：它们在一个层次结构中组织。该层次结构将使作用域具有良好的组织结构，并且与它们所代表的视图的上下文相关联。在AngularJS模块级别有一个根作用域，接下来是实现在子组件级别(如控制器或者指令)的子作用域。子作用域可以相互嵌套，从而创建层次结构。

> **注意：**
> $digest()方法将使用作用域层次结构把作用域变化传播到正确的监视器和 DOM 元素。

作用域层次结构将基于AngularJS模板中的ng-controller语句的位置自动创建。例如，下面的模板代码定义两个<div>元素，它们创建的控制器实例属于同级：

```
<div ng-controller="controllerA"> . . . </div>
```

```
<div ng-controller="controllerB"> . . . </div>
```

下面的模板代码也定义两个控制器，不过这里的controllerA是controllerB的父控制器：

```
<div ng-controller="controllerA">
  <div ng-controller="controllerB"> . . . </div>
</div>
```

作用域层次结构的工作方式类似于面向对象语言中的对象继承。可以从控制器中访问父作用域的值，但不能访问同级或者子作用域中的值。如果在子作用域中添加一个属性名，它不会改写父作用域中的属性，而是在子作用域中创建一个同名属性，但值与父作用域的值不同。

代码清单4-5和代码清单4-6实现一个基本的作用域层次结构，用于演示作用域在层次结构中是如何工作的。代码清单4-5创建一个含有3个控制器的应用，每个控制器都定义两个作用域。它们都共享公共的作用域属性title和作用域属性valueA、valueB和valueC。

代码清单4-6在AngularJS模板中创建3个控制器。图4-3显示了渲染后的AngularJS应用。注意，所有这三个作用域中的title属性值都是不同的。这是因为对于层次结构中的每个级别都创建了新的title属性。

第17～19行显示了valueA、valueB和valueC属性。这些值分别来自作用域层次结构的三个不同级别。当递增父作用域中的值时，子控制器中的DOM元素将更新为新的值。

代码清单 4-5：scope_hierarchy.js——实现了一个基本的作用域层次结构，并对每个级别的属性进行访问

```
01 angular.module('myApp', []).
02   controller('LevelA', function($scope) {
03     $scope.title = "Level A"
04     $scope.valueA = 1;
05     $scope.inc = function() {
06       $scope.valueA++;
07     };
08   }).
09   controller('LevelB', function($scope) {
10     $scope.title = "Level B"
11     $scope.valueB = 1;
12     $scope.inc = function() {
13       $scope.valueB++;
14     };
15   }).
16   controller('LevelC', function($scope) {
17     $scope.title = "Level C"
18     $scope.valueC = 1;
19     $scope.inc = function() {
20       $scope.valueC++;
21     };
22   });
```

代码清单 4-6：scope_hierarchy.html——HTML 模板代码，它实现一个控制器层次结构，并渲染从作用域多个级别返回的结果

```
01 <!doctype html>
02 <html ng-app="myApp">
03 <head>
04 <title>AngularJS Scope Hierarchy</title>
05 </head>
06 <body>
07   <div ng-controller="LevelA">
08     <h3>{{title}}</h3>
09     ValueA = {{valueA}} <input type="button" ng-click="inc()" value="+" />
10     <div ng-controller="LevelB"><hr>
11       <h3>{{title}}</h3>
12       ValueA = {{valueA}}<br>
13       ValueB = {{valueB}}
14       <input type="button" ng-click="inc()" value="+" />
15       <div ng-controller="LevelC"><hr>
16        <h3>{{title}}</h3>
17         ValueA = {{valueA}}<br>
18         ValueB = {{valueB}}<br>
19         ValueC = {{valueC}}
20         <input type="button" ng-click="inc()" value="+" />
21       </div>
22     </div>
23   </div>
24   <script src="http://code.angularjs.org/1.3.0/angular.min.js"></script>
25   <script src="js/scope_hierarchy.js"></script>
26 </body>
27 </html>
```

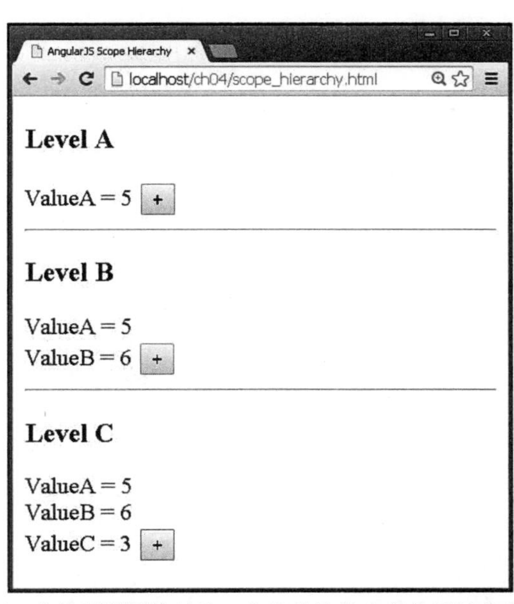

图 4-3　实现一个控制器层次结构，它们将渲染来自作用域多个级别的结果

4.3 小结

作用域是AngularJS应用数据的权威来源。作用域与模板视图、控制器、模块和服务有直接的关系，并作为胶水将应用绑定在一起。作用域还将作为数据库或者另一个服务器端数据源的表示方式。

作用域生命周期被链接到浏览器事件循环，这样浏览器中的改变也将更新到作用域中，作用域中的改动也会反映到绑定到作用域的DOM元素中。还可以添加自定义监视函数，当作用域改变时，它们会得到通知。

作用域具有层次结构，根作用域定义在应用级别。控制器的每个实例也都将得到一个子作用域实例。在子作用域中，可以访问父作用域层次中存储的数据。

第5章

使用 AngularJS 模板创建视图

AngularJS模板提供一个框架，用于将应用视图展示给用户。AngularJS模板包含表达式、筛选器和指令，用于为DOM元素定义额外的功能和行为。该模板是基于普通HTML构建的，它将通过添加额外的元素和特性对HTML的功能进行扩展。

本章将重点讨论AngularJS模板以及表达式和筛选器。通过使用表达式可以在模板的HTML代码中实现类似于JavaScript的代码。通过使用筛选器，可以在显示数据之前修改它们，例如，格式化文本。

5.1 了解模板

AngularJS模板非常直观，但也非常强大，而且易于扩展。模板是基于标准HTML文档构建的，但它将通过3个额外的组件对HTML功能进行扩展。

- **表达式：** 表达式是一些类似于 JavaScript 的代码，它们将在作用域的上下文中执行。表达式通过{{}}括号表示。表达式的结果将被添加到编译后的 HTML Web 页面中。可以将表达式添加到普通的 HTML 文本中或者特性值中，如下所示：

  ```
  <p>{{1+2}}</p>
  href="/myPage.html/{{hash}}"
  ```

- **筛选器：** 筛选器将对 Web 页面中的数据进行转换。例如，筛选器可以将作用域中的数字转换成货币字符串或者时间字符串。
- **指令：** 指令是新的 HTML 元素名称或者 HTML 元素中的特性名。它们通过增加或者修改 HTML 元素的行为来为 AngularJS 应用提供数据绑定、事件处理或者其他支持。

下面的代码片段展示了一个实现指令、表达式和筛选器的示例。ng-model="msg"特性是一条指令，它将把<input>元素的值绑定到作用域中的msg特性。{{}}中的代码是一个应用了大写筛选器的表达式：

```
<div>
  <input ng-model="msg">
  {{msg | uppercase}}
</div>
```

当把一个AngularJS Web页面加载到浏览器中时，该页面仍然处于初始状态，其中包含模板代码和HTML代码。初始的DOM将根据该Web页面进行构建。当AngularJS应用启动时，AngularJS模板将被编译成DOM，并动态地使DOM元素的值、事件绑定和其他属性适应模板中的指令、表达式和筛选器。

在编译过程中，HTML标签和特性将被规范化，因为AngularJS是区分大小写的，而HTML不是。规范化同时需要完成两件事情。

- 从元素和特性中移除前缀 x-和 data-。
- 将含有“、”“-”或者“_”的名称转换为驼峰表示法。

例如，所有下面这些名字都将被规范化为ngModel：

```
ng-model
data-ng-model
x-ng:model
ng_model
```

5.2　使用表达式

使用表达式是在AngularJS视图中表示作用域数据的最简单方式。表达式是封装在花括号内的代码块：{{expression}}。AngularJS编译器将把表达式编译为HTML元素，从而显示表达式的结果。例如，请看下面的表达式：

```
{{1+5}}
{{'One' + 'Two'}}
```

根据这些表达式，Web页面中将显示下面这些值：

```
6
OneTwo
```

表达式被绑定到数据模型，这样做有两个优点。第一，可以在表达式中使用作用域中定义的属性名和函数。第二，因为表达式被绑定到作用域，所以当作用域中的数据改变时，表达式也会随之改变。例如，假设作用域中包含下列值：

```
$scope.name='Brad';
$scope.score=95;
```

如下面所示，可以在模板表达式中直接引用name和score值：

```
Name: {{name}}
Score: {{score}}
Adjusted: {{score+5}}
```

AngularJS表达式在某些方面与JavaScript表达式类似，但在某些方面上也是不同的。

- **特性计算**：属性名将根据作用域模型进行计算，而不是针对全局 JavaScript 名称空间。
- **更宽容**：当表达式遇到未定义的或者 null 变量类型时，它们不会抛出异常；相反，它们会将这些值当作没有值。

- **没有流程控制：**表达式不允许使用 JavaScript 条件或者循环。另外，不能在表达式中抛出错误。

AngularJS可以将用于定义指令值的字符串当作表达式进行计算。通过这种方式，可以在定义中包含表达式类型的语法。例如，当在模板中设置ng-click指令的值时，可以指定一个表达式。在该表达式中，可以引用作用域标量并使用其他表达式语法，如下所示：

```
<span ng-click="scopeFunction()"></span>
<span ng-click="scopeFunction(scopeVariable, 'stringParameter')"></span>
<span ng-click="scopeFunction(5*scopeVariable)"></span>
```

因为AngularJS模板表达式可以访问作用域，所以也可以在AngularJS表达式中修改作用域。例如，下面的ng-click指令将修改作用域模型中msg的值：

```
<span ng-click="msg='clicked'"></span>
```

下面的小节将演示在AngularJS应用中使用表达式功能的一些示例。

5.2.1 使用基本表达式

在本节的练习中，你将会看到AngularJS表达式是如何渲染字符串和数字的。本练习旨在演示AngularJS是如何计算包含字符串和数字以及基本算术运算符的表达式的。

代码清单5-1中的代码只是一个简单的AngularJS应用，其中包含一个名为myController的控制器。该控制器是空的，因为没有表达式会访问作用域。

代码清单5-2中的代码是一个包含几种类型表达式(封装在{{}}括号中)的AngularJS模板。某些表达式只是数字或者字符串，某些表达式则包含“+”运算符将字符串和/或数字相加，只有一个表达式使用“===”运算符比较两个数字。

图5-1显示了一个渲染后的Web页面。注意，数字和字符串直接渲染到最终的视图中。通过将字符串和数组相加，可以构建渲染到视图的文本字符串。另外注意，使用比较运算符最终将在视图中渲染单词true或者false。

代码清单 5-1：expressions_basic.js——含有空控制器的基本 AngularJS 应用代码

```
01 angular.module('myApp', [])
02   .controller('myController', function($scope) {
03   });
```

代码清单 5-2：expressions_basic.html——在 AngularJS 模板中应用基本字符串和数字的简单数学运算

```
01 <!doctype html>
02 <html ng-app="myApp">
03   <head>
04     <title>AngularJS Expressions</title>
05     <style>
06       p{ margin:0px;}
07       p:after{ color:red;}
08     </style>
09   </head>
10   <body>
11     <div ng-controller="myController">
12       <h1>Expressions</h1>
```

```
13       Number:<br>
14       {{ 5}}<hr>
15       String:<br>
16       {{ 'My String'}}<hr>
17       Adding two strings together:<br>
18       {{ 'String1' + ' ' + 'String2'}}<hr>
19       Adding two numbers together:<br>
20       {{ 5+5}}<hr>
21       Adding strings and numbers together:<br>
22       {{ 5 + '+' + 5 + '='}}{{ 5+5}}<hr>
23       Comparing two numbers with each other:<br>
24       {{ 5===5}}<hr>
25     <script src="http://code.angularjs.org/1.3.0/angular.min.js"></script>
26     <script src="js/expressions_basic.js"></script>
27   </body>
28 </html>
```

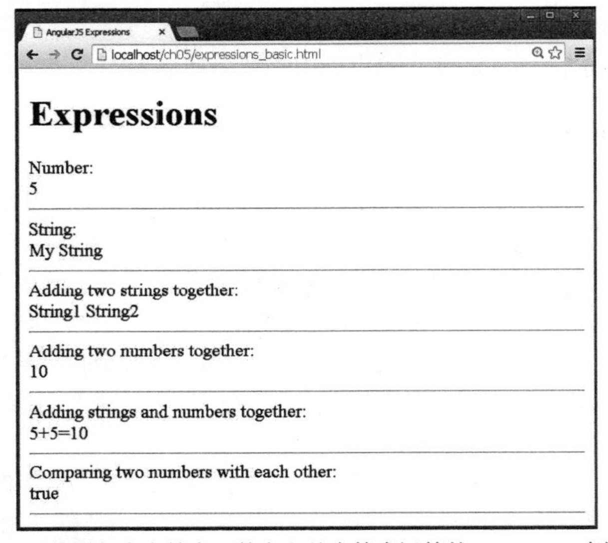

图 5-1 使用包含字符串、数字和基本算术运算的 AngularJS 表达式

5.2.2 在表达式中与作用域交互

现在你已经学习了一些基本的AngularJS表达式，接下来让我们学习如何在AngularJS表达式中与作用域进行交互。在之前的示例中，表达式的所有输入都来自显式的字符串或者数字。本节的示例将演示AngularJS表达式真正的功能——与模型进行交互。

代码清单5-3中的代码实现一个含有控制器的基本AngularJS应用。该控制器包含作用域变量speed、vehicle、newSpeed和newVehicle。它还包含3个函数upper、lower和setValues。这些变量和函数将在模板的AngularJS表达式中使用，如代码清单5-4所示。

代码清单5-4中的代码实现一个AngularJS模板，它应用使用作用域中值的AngularJS表达式来渲染屏幕中的文本，并且该表达式也将用作函数的参数。需要注意的第一件事情是：作用域中的变量名在表达式中可以直接使用。例如，第14行使用的表达式将根据speed和vehicle变量创建一个字符串：

```
{{ speed + ' ' + vehicle}}
```

需要注意的另一件事情是：可以在AngularJS表达式中调用作用域中的函数。在计算表达式时，将调用后端函数并且把返回值渲染到视图中。可以将作用域中的变量名、数字和字符串传入函数，如第19行的表达式所示：

```
<a ng-click="setValues('Fast', newVehicle)">
```

需要注意的最后一件事情是：赋给HTML元素的AngularJS特性值将被当作AngularJS表达式进行计算，即使它们并未显式地封装在{{}}括号中。

图5-2显示了一个基于表达式渲染的Web页面。注意，当单击页面的链接时，最终的函数调用将调整作用域，这将改变之前讨论过的表达式所渲染的值。

代码清单 5-3：expressions_scope.js——构建 AngularJS 表达式可以使用的作用域

```
01 angular.module('myApp', [])
02   .controller('myController', function($scope) {
03     $scope.speed = 'Slow';
04     $scope.vehicle = 'Train';
05     $scope.newSpeed = 'Hypersonic';
06     $scope.newVehicle = 'Plane';
07     $scope.upper = function(aString){
08       return angular.uppercase(aString);
09     };
10     $scope.lower = function(aString){
11       return angular.lowercase(aString);
12     };
13     $scope.setValues = function(speed, vehicle){
14       $scope.speed = speed;
15       $scope.vehicle = vehicle;
16     };
17   });
```

代码清单 5-4：expressions_scope.html——一个 AngularJS 模板，它将以各种方式使用表达式与作用域模型中的数据进行交互

```
01 <!doctype html>
02 <html ng-app="myApp">
03   <head>
04     <title>AngularJS Expressions</title>
05     <style>
06       a{ color: blue; text-decoration: underline; cursor: pointer}
07     </style>
08   </head>
09   <body>
10     <div ng-controller="myController">
11       Directly accessing variables in the scope:<br>
12       {{speed}} {{vehicle}}<hr>
13       Adding variables in the scope:<br>
14       {{speed + ' ' + vehicle}}<hr>
15       Calling function in the scope:<br>
16       {{lower(speed)}} {{upper('Jeep')}}<hr>
17       <a ng-click="setValues('Fast', newVehicle)">
18         Click to change to Fast {{newVehicle}}</a><hr>
19       <a ng-click="setValues(newSpeed, 'Rocket')">
20         Click to change to {{newSpeed}} Rocket</a><hr>
21       <a ng-click="vehicle='Car'">
22         Click to change the vehicle to a Car</a><hr>
```

```
23      <a ng-click="vehicle='Enhanced ' + vehicle">
24        Click to Enhance Vehicle</a><hr>
25    <script src="http://code.angularjs.org/1.3.0/angular.min.js"></script>
26    <script src="js/expressions_scope.js"></script>
27  </body>
28 </html>
```

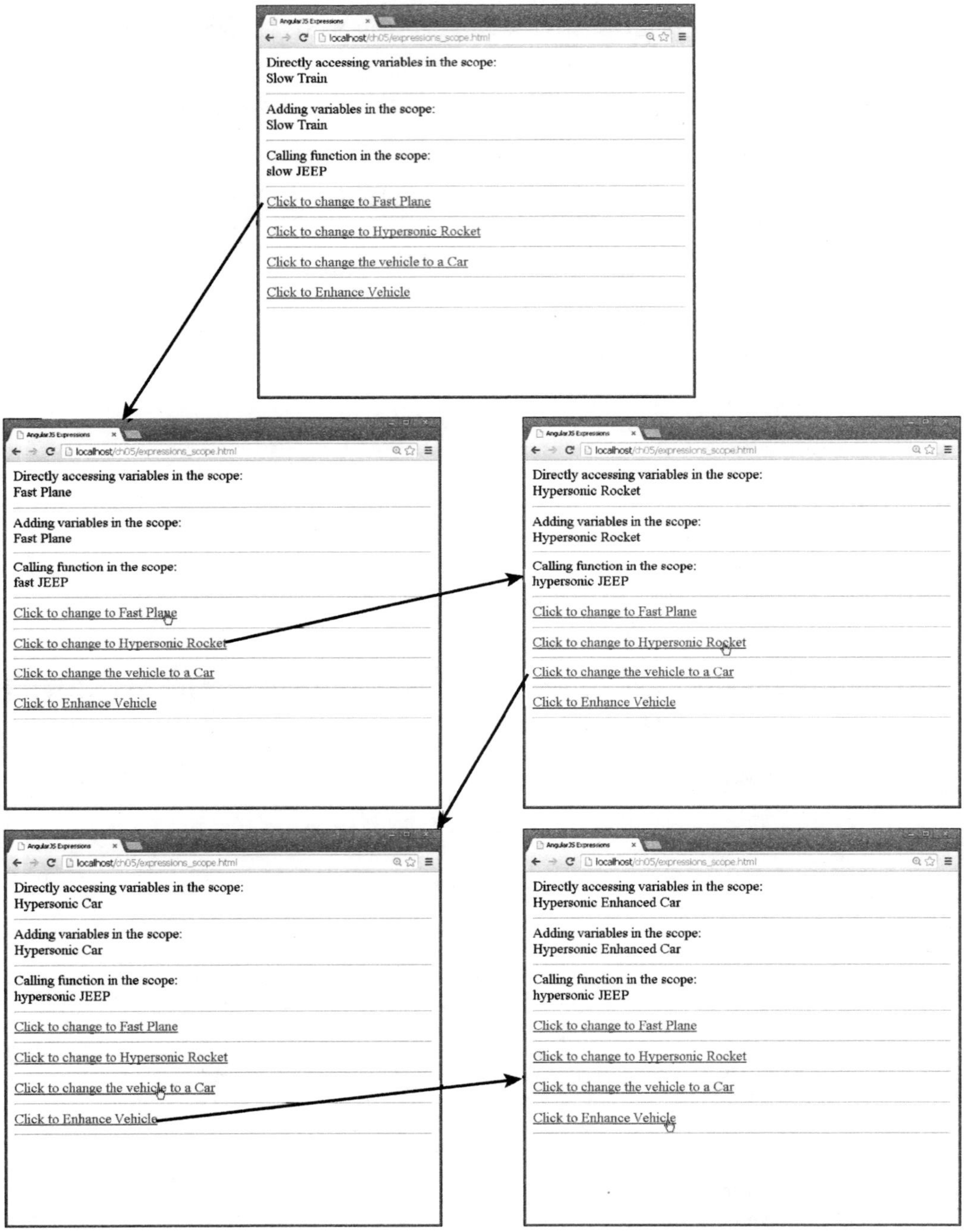

图 5-2　使用 AngularJS 表达式表示和使用 AngularJS 视图中的作用域数据

5.2.3　在 AngularJS 表达式中使用 JavaScript

在最后的示例中，我们将学习在作用域中如何与JavaScript进行交互。如前所述，AngularJS表达式中支持许多JavaScript功能。为了更好地演示这一点，本例将展示一些数组操作，并在表达式中使用JavaScript Math对象。

代码清单5-5将创建一个简单的AngularJS控制器，它在作用域中包含两个数组。注意，第3行中的代码将通过把Math变量赋给window.Math向作用域中添加Math变量。使用JavaScript Math功能时必须这样做，因为在计算AngularJS表达式时，只有作用域变量是可用的：

```
$scope.Math = window.Math;
```

代码清单5-6实现一个AngularJS模板，它将使用AngularJS表达式显示数组内容、数组长度，并在表达式中直接使用push()和shift()操作数组元素。注意，因为我们已经将Math添加到作用域中，所以我们可以在表达式中直接使用JavaScript Math对象的运算，如第16行和第23行所示。

图5-3显示了渲染后的AngularJS Web页面。注意，当单击链接时，数组将被调整，表达式也会随之重新计算。

代码清单 5-5：expressions_javascript.js——使用数组和 AngularJS 表达式可以使用的 Math 对象构建作用域

```
01 angular.module('myApp', [])
02   .controller('myController', function($scope) {
03     $scope.Math = window.Math;
04     $scope.myArr = [1];
05     $scope.removedArr = [];
06   });
```

代码清单 5-6：expressions_javascript.html——一个使用表达式的 AngularJS 模板，该表达式包含多种形式的数组和 Math 逻辑，用于与作用域模型中的数据进行交互

```
01 <!doctype html>
02 <html ng-app="myApp">
03   <head>
04     <title>AngularJS Expressions</title>
05     <style>
06       a{color: blue; text-decoration: underline; cursor: pointer}
07     </style>
08   </head>
09   <body>
10     <div ng-controller="myController">
11       <h1>Expressions</h1>
12       Array:<br>
13         {{myArr}}<hr>
14       Elements removed from array:<br>
15         {{removedArr}}<hr>
16       <a ng-click="myArr.push(Math.floor(Math.random()*100 + 1))">
17         Click to append a value to the array</a><hr>
```

```
18        <a ng-click="removedArr.push(myArr.shift())">
19          Click to remove the first value from the array</a><hr>
20        Size of Array:<br>
21          {{myArr.length}}<hr>
22        Max number removed from the array:<br>
23          {{Math.max.apply(Math, removedArr)}}<hr>
24      <script src="http://code.angularjs.org/1.3.0/angular.min.js"></script>
25      <script src="js/expressions_javascript.js"></script>
26    </body>
27  </html>
```

图 5-3　使用 AngularJS 表达式与作用域数据交互，其中包含 JavaScript 数组和 Math 运算

5.3　使用筛选器

AngularJS的一个重要特性是实现筛选器的能力。筛选器是一种类型的提供者，它将与表达式解析器相挂钩，并修改显示在视图中的表达式的值，例如，格式化时间或者货币值。

使用下面的语法在表达式内实现筛选器：

```
{{ expression | filter }}
```

如果将多个筛选器链接在一起，那么它们将按照指定的顺序执行：

```
{{ expression | filter | filter }}
```

某些筛选器允许你以函数参数的形式提供输入。可以使用下面的参数语法添加这些参数：

```
{{ expression | filter : parameter1 : parameter2 }}
```

另外还可以使用依赖注入将筛选器(作为提供者)添加到控制器和服务中。筛选器提供者名称就是筛选器的名称加上Filter。例如，货币筛选器提供者的名称是currencyFilter。筛选器提供者的行为像函数以一样，使用表达式(作为第一个参数)和所有表达式之后的变量作为参数。下面的代码定义一个控制器，它将注入currencyFilter并使用它格式化结果。注意，把currencyFilter添加到控制器的依赖注入中，并作为函数调用：

```
controller('myController', [ '$scope', 'currencyFilter',
                          function($scope, myCurrencyFilter){
  $scope.getCurrencyValue = function(value){
    return myCurrencyFilter(value, "$USD");
  };
}]);
```

5.3.1　使用内置筛选器

AngularJS提供了几种类型的筛选器，可以在AngularJS模板中使用它们格式化字符串、对象和数组。表5-1列出了AngularJS提供的内置筛选器。

表 5-1　在 AngularJS 模板中修改表达式的筛选器

筛　选　器	说　　明
currency[:symbol]	根据提供的 symbol 值将数字格式化为货币。如果未提供 symbol 值，那么将使用区域设置的默认符号。例如： `{{123.46 | currency:"$USD" }}`
filter:exp:compare	根据 compare 的值使用 exp 参数的值筛选表达式。参数 exp 可以是字符串、对象或函数。参数 compare 可以是一个接受期望和实际值作为参数并返回 true 或 false 的函数。参数 compare 也可以是一个布尔值，true 代表严格比较(实际==预期)，false 代表宽松比较(只检查期望值是否是真实值的子集)。例如： `{{"Some Text to Compare" | filter:"text":false`
json	将 JavaScript 对象格式化为 JSON 字符串。例如： `{{ {'name':'Brad'} | json }}`
limitTo:limit	按照 limit 的大小限制表达式代表的数据。如果表达式是字符串，那么将按照字符数目进行限制。如果表达式结果是一个数组，那么将按照元素数目进行限制。例如： `{{ ['a','b','c','d'] | limitTo:2 }}`
lowercase	将表达式的结果输出为小写
uppercase	将表达式的结果输出为大写

(续表)

<table>
<tr><th>筛 选 器</th><th>说 明</th></tr>
<tr><td>number[:fraction]</td><td>将数字格式化为文本。如果指定 fraction 参数，那么小数部分的位数将被限制为该大小。例如：{{ 123.4567 | number:3 }}</td></tr>
<tr><td>orderBy:exp:reverse</td><td>根据 exp 参数对数组进行排序。参数 exp 可以是一个计算数组中数据项值的函数，或者一个指定一个数组对象中对象的属性。参数 reverse 如果为 true 代表降序，如果为 false 则代表升序</td></tr>
<tr><td>date[:format]</td><td>使用 format 参数格式化 JavaScript 日期对象、时间戳或者 ISO 8601 日期字符串。例如：
<code>{{1389323623006 | date:'yyyy-MM-ddHH:mm:ss Z'}}</code>
参数 format 将使用下列日期格式化字符：
● yyyy：4 位年
● yy：自 2000 开始的两位年
● MMMM：一年中的月份， January～December
● MMM：一年中的月份，Jan～Dec
● MM：一年中的月份，带填充的， 01～12
● M：一年中的月份， 1～12
● dd：一月中的日期，带填充的， 01～31
● d：一月中的日期， 1～31
● EEEE：一周中的日期， Sunday～Saturday
● EEE：一周中的日期， Sun～Sat
● HH：一天中的小时，带填充的，00～23
● H：一天中的小时， 0～23
● hh：12 小时制的小时，带填充的，01～12
● h：12 小时制的小时，1～12
● mm：一小时中的分，带填充的， 00～59
● m：一小时中的分， 0～59
● ss：一分钟中的秒，带填充的，00～59
● s：一分钟中的秒，0～59
● .sss 或者 sss：一秒钟内的毫秒，带填充的，000～999
● a：上午/下午标记
● Z：4 位数字的时区偏移，-1200～+1200
date 的 format 字符串也可以是下列预定义名称之一。下面的格式显示为 en_US，但它们也将匹配 AngularJS 应用的区域设置：
● medium：'MMM d, y h:mm:ss a'
● short：'M/d/yy h:mm a'</td></tr>
</table>

(续表)

筛　选　器	说　　明
date[:format]	• fullDate：'EEEE, MMMM d,y' • longDate：'MMMM d, y' • mediumDate：'MMM d, y' • shortDate：'M/d/yy' • mediumTime：'h:mm:ss a' • shortTime：'h:mm a'

代码清单5-7和代码清单5-8展示如何在AngularJS中实现一些基本筛选器。代码清单5-7实现一个控制器，其中包含JSONObj、word和days属性。代码清单5-8在模板的表达式中直接实现number、currency 、date、json、limitTo、uppercase和 lowercase筛选器。图5-4显示了这些列表的输出。

代码清单 5-7：filters.js——构建 AngularJS 筛选器可以使用的作用域

```
01 angular.module('myApp', [])
02   .controller('myController', function($scope) {
03     $scope.currentDate = new Date();
04     $scope.JSONObj = { title: "myTitle" };
05     $scope.word="Supercalifragilisticexpialidocious";
06     $scope.days=[ 'Monday', 'Tuesday', 'Wednesday',
07                   'Thursday', 'Friday'];
08   });
```

代码清单 5-8：filters.html——一个 AngularJS 模板，它使用各种类型的筛选器，用于修改显示在渲染视图中的数据

```
01 <!doctype html>
02 <html ng-app="myApp">
03   <head>
04     <title>AngularJS Filters</title>
05   </head>
06   <body>
07     <div ng-controller="myController">
08       <h2>Basic Filters</h2>
09       Number: {{123.45678|number:3}}<br>
10       Currency: {{123.45678|currency:"$"}}<br>
11       Date: {{ currentDate | date:'yyyy-MM-dd HH:mm:ss Z'}}<br>
12       JSON: {{ JSONObj | json }}<br>
13       Limit Array: {{ days | limitTo:3 }}<br>
14       Limit String: {{ word | limitTo:9 }}<br>
15       Uppercase: {{ word | uppercase | limitTo:9 }}<br>
16       Lowercase: {{ word | lowercase | limitTo:9 }}
17     <script src="http://code.angularjs.org/1.3.0/angular.min.js"></script>
18     <script src="js/filters.js"></script>
19   </body>
20 </html>
```

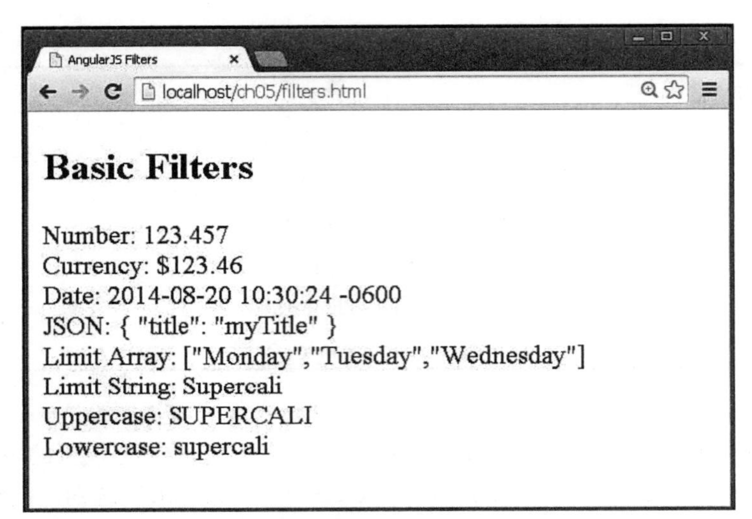

图 5-4 在数组数据显示到 AngularJS 视图之前使用 AngularJS 筛选器修改数据

5.3.2 使用筛选器实现排序和筛选

筛选器一个非常常见的用法是：使用ng-repeat指令排序或筛选JavaScript数组中构建的动态元素。本节将提供一个实现orderBy筛选器的示例，它将生成一个可以按列排序的表格，并按照<input>元素中的字符串进行筛选。

代码清单5-9实现一个控制器，其中定义$scope.planes数组作为作用域中的输入数据。因为你不希望在排序和筛选的时候修改实际的模型数据，所以第12行添加$scope.filteredPlanes属性用于存储筛选后的数组。

注意，第13行设置一个$scope.reverse值来记录排序的方向。然后第14行设置一个$scope.column值来记录planes数组中对象排序属性的名称。第15行和第16行定义setSort()函数，它用于更新column和reverse值。

第19行定义$scope.filterString属性，它将用于筛选包含在filteredPlanes中的对象。第20～23行定义一个setFilter()函数，它将调用filterFilter()提供者筛选掉filteredPlanes中不(宽松)匹配filterString的对象。第2行和第3行将filterFilter提供者注入控制器中。

代码清单5-10实现一个模板，它包含一个绑定到filterString值的文本<input>和一个在单击时调用setFilter()的按钮<input>。

注意，在第14～16行，表头将使用ng-click指令调用setSort()函数设置排序列。第18～23行通过使用ng-repeat指令实现表的行。注意，ng-repeat指令将使用orderBy筛选器指定列名，并反转使用setSort()函数设置的值。图5-5显示了结果Web页面。

代码清单 5-9：filter_sort.js——构建一个作用域，AngularJS 将使用它并基于它进行排序和筛选

```
01 angular.module('myApp', [])
02   .controller('myController', ['$scope', 'filterFilter',
03                              function($scope, filterFilter) {
04     $scope.planes = [
05       {make: 'Boeing', model: '777', capacity: 440},
```

```
06      {make: 'Boeing', model: '747', capacity: 700},
07      {make: 'Airbus', model: 'A380', capacity: 850},
08      {make: 'Airbus', model: 'A340', capacity: 420},
09      {make: 'McDonnell Douglas', model: 'DC10', capacity: 380},
10      {make: 'McDonnell Douglas', model: 'MD11', capacity: 410},
11      {make: 'Lockheed', model: 'L1011', capacity: 380}];
12    $scope.filteredPlanes = $scope.planes;
13    $scope.reverse = true;
14    $scope.column = 'make';
15    $scope.setSort = function(column){
16      $scope.column = column;
17      $scope.reverse = !$scope.reverse;
18    };
19    $scope.filterString = '';
20    $scope.setFilter = function(value){
21      $scope.filteredPlanes =
22        filterFilter($scope.planes, $scope.filterString);
23    };
24  }]);
```

代码清单 5-10：filter_sort.html——一个 AngularJS 模板，它实现 filter 和 orderBy 筛选器用于排序和筛选表视图中的数据项

```
01 <!doctype html>
02 <html ng-app="myApp">
03  <head>
04    <title>AngularJS Sorting and Filtering</title>
05    <style>
06      table{ text-align:right;}
07      td,th{ padding:3px;}
08      th{ cursor:pointer;}
09    </style>
10  </head>
11  <body>
12    <div ng-controller="myController">
13      <h2>Sorting and Filtering</h2>
14      <input type="text" ng-model="filterString">
15      <input type="button" ng-click="setFilter()" value="Filter">
16      <table>
17      <tr>
18        <th ng-click="setSort('make')">Make</th>
19        <th ng-click="setSort('model')">Model</th>
20        <th ng-click="setSort('capacity')">Capacity</th>
21      </tr>
22      <tr ng-repeat=
23          "plane in filteredPlanes | orderBy:column:reverse">
24        <td>{{plane.make}}</td>
25        <td>{{plane.model}}</td>
26        <td>{{plane.capacity}}</td>
27      </tr>
28      </table>
```

```
29     <script src="http://code.angularjs.org/1.3.0/angular.min.js"></script>
30     <script src="js/filter_sort.js"></script>
31   </body>
32 </html>
```

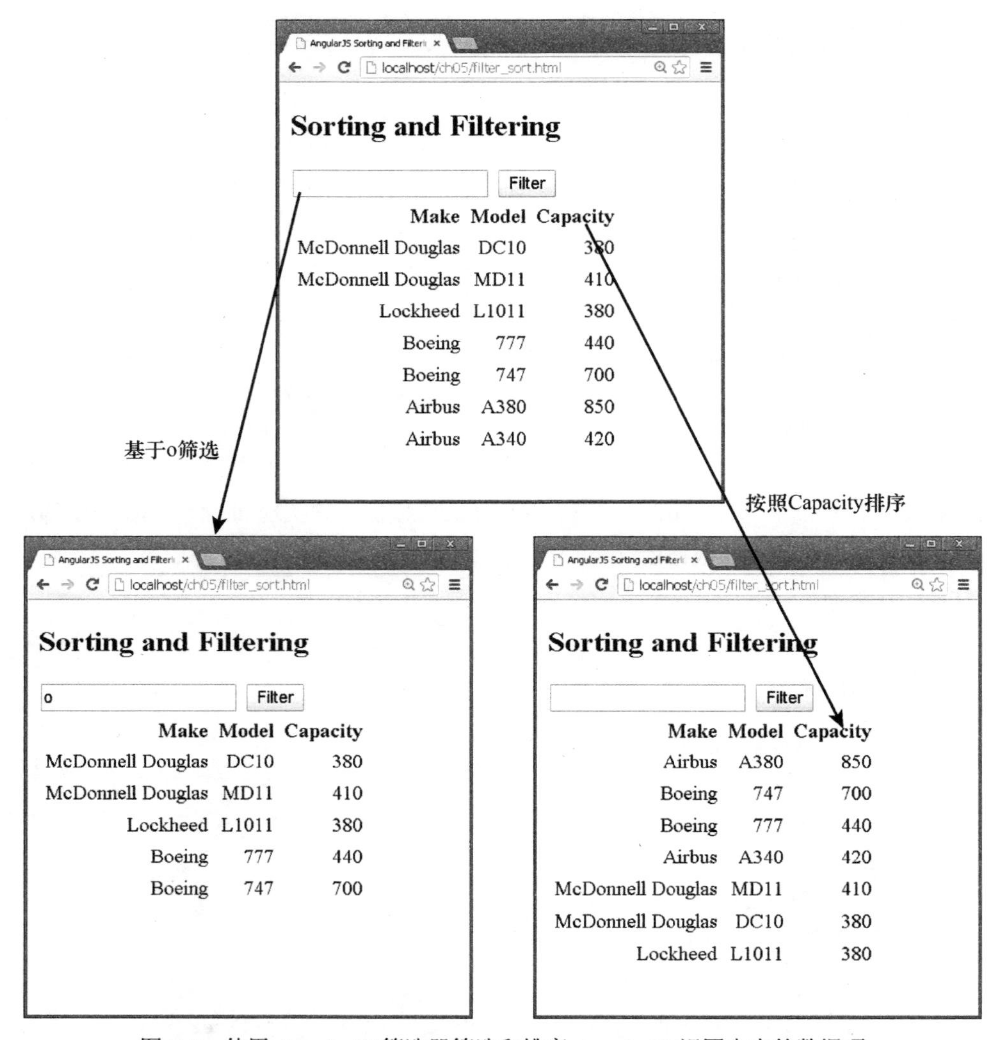

图 5-5　使用 AngularJS 筛选器筛选和排序 AngularJS 视图中表的数据项

5.4　创建自定义筛选器

AngularJS允许创建自定义筛选器提供者，然后在表达式、控制器和服务中像内置筛选器一样使用它。AngularJS提供了filter()方法用于创建筛选器提供者，并使用依赖注入服务注册它。

filter()方法将接受一个筛选器名称(作为第一个参数)和一个函数(作为第二个参数)。筛选器函数应该接受表达式输入(作为第一个参数)和后面紧跟着的变量作为参数。如下例所示：

```
filter('myFilter', function(){
```

```
    return function(input, param1, param2){
      return <<modified input>>;
    };
  });
```

在筛选器函数中，可以任意修改输入的值。无论筛选器中返回的是什么值，都将作为表达式结果返回。

代码清单5-11和代码清单5-12创建一个自定义函数，它将从字符串中删减单词，并允许使用替代值作为可选参数。代码清单5-11在第2～11行实现censor筛选器提供者。然后在第12～20行控制器使用依赖注入添加censorFilter提供者。第17～19行的filterText()函数将使用censorFilter提供者删减文本，并将它替换为<<censored>>。

代码清单5-12的代码实现一个模板，它通过多种方式使用筛选器，包括基于单击事件调用filterText()。注意，第9行传入censor筛选器中的值来自作用域变量censorText。图5-6显示了这些列表清单的输出。

代码清单 5-11：filter_customer.js——在 AngularJS 中实现一个自定义筛选器提供者

```
01 angular.module('myApp', [])
02   .filter('censor', function() {
03     return function(input, replacement) {
04       var cWords = ['bad', 'evil', 'dark'];
05       var out = input;
06       for(var i=0; i<cWords.length; i++){
07         out = out.replace(cWords[i], replacement);
08       }
09       return out;
10     };
11   })
12   .controller('myController', ['$scope', 'censorFilter',
13                               function($scope, myCensorFilter) {
14     $scope.censorText = "***";
15     $scope.phrase="This is a bad phrase.";
16     $scope.txt = "Click to filter out dark and evil.";
17     $scope.filterText = function(){
18       $scope.txt = myCensorFilter($scope.txt, '<<censored>>');
19     };
20   }]);
```

代码清单 5-12：filter_custom.html——一个使用自定义筛选器的 AngularJS 模板

```
01 <!doctype html>
02 <html ng-app="myApp">
03   <head>
04     <title>AngularJS Custom Filter</title>
05   </head>
06   <body>
07     <div ng-controller="myController">
08       <h2>Sorting and Filtering</h2>
09       {{phrase | censor:censorText}}<br>
10       {{"This is some bad, dark, evil text." | censor:"happy"}}
```

```
11      <p ng-click="filterText()">{{txt}}</p>
12    <script src="http://code.angularjs.org/1.3.0/angular.min.js"></script>
13    <script src="js/filter_custom.js"></script>
14  </body>
15 </html>
```

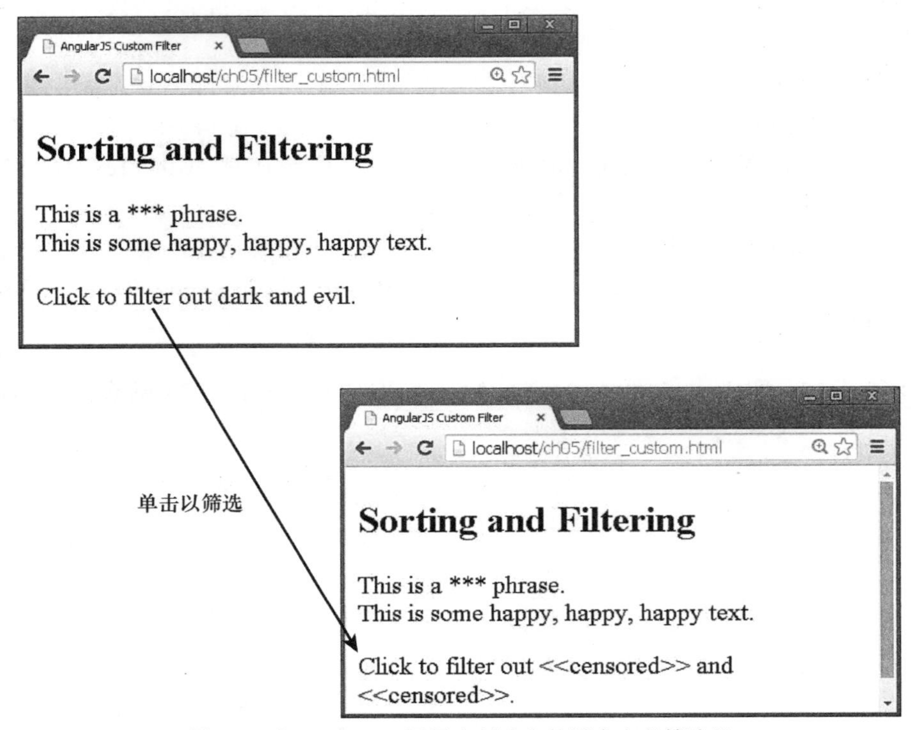

图 5-6　在 AngularJS 视图中创建和使用自定义筛选器

5.5　小结

AngularJS模板易于实现，并且功能非常强大和可扩展性很高。本章讨论了AngularJS模板的组件，以及它们是如何一起协作扩展HTML DOM的行为和功能的。表达式是包含在{{}}括号中或者AngularJS模板的指令定义中的一些JavaScript代码。因为表达式可以访问作用域，所以可以在视图中渲染作用域值。

筛选器是表达式的修饰符，通过使用筛选器，可以为特定的目的格式化表达式结果。AngularJS提供了几个内置筛选器，如货币和日期格式化。也可以创建自定义筛选器，用于提供你希望在渲染数据到页面之前应用的任何格式化或者修改。可以使用依赖注入将筛选器当作提供者注入到注入器服务器中，从而可以在控制器和模板中访问它们。这意味着也可以在JavaScript代码中访问筛选器。

第6章

在AngularJS视图中实现指令

AngularJS最强大的功能之一就是指令。指令扩展HTML的行为，通过指令可以创建特定于某个应用的自定义HTML元素、特性和类。AngularJS自身提供几条内置指令。实际上，AngularJS库的大部分指令都是内置指令。这些指令提供与表单元素交互、绑定作用域中数据到视图和与浏览器交互的功能。

本章将讨论内置指令以及如何在AngularJS模板中实现它们。你将会学习如何在AngularJS模板中应用这些指令，以及如何在后端控制器中支持它们，从而帮助快速地将渲染视图转变成一个交互性应用。

6.1 了解指令

指令是AngularJS模板标记和幕后支持它的JavaScript代码的结合。AngularJS指令标记可以是HTML特性、元素名或者CSS类。JavaScript指令代码定义模板数据和HTML元素的行为。

AngularJS编译器将遍历模板DOM并编译所有指令。然后它将通过结合指令和作用域的方式链接指令，产生一个新的实时视图。实时视图包含DOM元素和指令中定义的功能。

6.2 使用内置指令

需要在HTML元素中实现的大部分AngularJS功能都是由内置指令提供的。这些指令都由库提供，当AngularJS JavaScript库加载后，它们将变得可用。

指令为AngularJS应用提供各种各样的支持。接下来的小节将描述大多数AngularJS指令，它们分别属于下面这几个分类：

- 支持 AngularJS 功能的指令
- 扩展表单元素的指令
- 将页面元素绑定到作用域模型中值的指令
- 将页面事件绑定到控制器的指令

接下来的所有小节都包含一个表格，其中包含相关的指令和基本的描述。现在你不需要理解所有这些指令；这里的表格不过是个参考。接下来的章节将为这些指令的使用提供示例代码。

6.2.1 支持 AngularJS 功能的指令

有几条指令为AngularJS功能提供支持。这些指令实现从启动应用到确保AngularJS需要的布尔表达式保留在DOM中的所有功能。

表6-1列出了这些指令，并描述了它们的行为和用法。

表 6-1 支持 AngularJS 模板功能的指令

指 令	说 明
ngApp	该指令用于启动应用和根元素。该特性将设置为 AngularJS 模块的名字，此模块将用作应用根，包含该指令的 HTML 元素将用作该模板的编译根。例如，下面的代码将在<html>元素中把模块 myApp 设置为应用： `<html ng-app="myApp">`
ngCloak	当该特性出现在元素中时，直到 AngularJS 模板完全编译后才会显示当前元素。否则，含有模板代码的元素的原生形式将显示出来
ngController	如前所述，该指令将把一个控制器附加到视图中的元素上，用于创建一个新的作用域。例如： `<div ng-controller="myController">`
ngHref	可以使用该选项取代 href 特性，如果使用模板语法(如{{hash}})，并且用户在表达式计算之前单击链接，那么它可能是无效的
ngInclude	该指令将从服务器自动获取、编译和包含一个外部 HTML 片段。它是一种从服务器端脚本包含部分 HTML 数据的好方法。例如： `<div ng-include="/info/sidebar.html">`

ngList	该指令将把作用域中的数组对象转换成一个由分隔符分隔的字符串(逗号是默认的分隔符)。例如，如果作用域包含一个名为 items 的数组，那么下面<input>中显示出的值将是
	`item1,item2,item3,…:`
	`<input ng-model="items" ng-list=",">`

ngNonBindable	当该指令出现在元素中时，AngularJS 不会在编译过程中编译或者绑定元素的内容。如果尝试在元素中显示代码，那么这是非常有用的。例如： `<png-non-bindable>Expression Syntax: {{exp}}</p>`
ngOpen	不要求浏览器保留元素的布尔值特性。如果该特性存在，它就是true。该指令使你可以通过检查元素是否存在保留元素的 true/false 状态。例如，下面的代码将基于作用域中的 open 值应用 ngOpen： `<details ng-open="open">`

(续表)

指　　令	说　　明
ngPluralize	通过该指令，可以根据 AngularJS 中的 en-US 本地化规则包显示消息。可以通过添加 count 和 when 特性配置 ngPluralize，如下面的代码所示： <p ng-pluralize count="itemCount" when="{ '0': 'Cart is empty.', 'one': 'Purchase 1 item.', 'other': 'Purchase {{itemCount}} items.'} "> </p>
ngReadonly	类似于 ngOpen，但它只作用于只读的布尔值。例如，下面的代码将基于作用域中的 notChangeable 值应用 ngReadonly： <input type="text" ng-readonly="notChangeable">
ngRequired	该指令类似于 ngOpen，但它只作用于表单中<input>元素的 required 布尔值。例如，下面的代码将基于作用域中的 required 值应用 ngRequired： <input type="text" ng-required="required">
ngSelected	该指令类似于 ngOpen，但它只作用于 selected 布尔值。例如，下面的代码将根据作用的 selected 值应用 ngSeleteded： <option id="optionA" ng-selected="selected"> Option A </option>
ngSrc	如果使用模板语法(如{{username}})，那么可以使用该指令取代 src 特性，但它在表达式计算完成之前是无效的。例如： <imgng-src="/images/{{username}}/test.jpg" />
ngSrcset	可以使用该指令取代 srcset 特性，但它在表达式计算完成之前是无效的。 <imgng-srcset="/images/{{username}}/test.jpg 2x" />
ngTransclude	该指令将把元素标记为使用 transclude 选项封装其他元素的指令的嵌入点
ngView	该指令将把当前路由的渲染模板包含到主布局文件中。路由将在第 9 章进行讨论
Script	该指令将使用 next/ng-template 加载脚本标记的内容，这样该脚本标记就可以被 ngInclude、ngView 或者其他模板指令所使用

代码的不同部分将通过不同的方式使用表6-1中的指令。在之前的示例中，你已经看到了其中一些指令的使用，如ngApp和ngController。一些指令是相当直观的，例如，当在模板中实现时<img>元素时，可以使用ng-src取代src特性。后续章节的各种示例将会用到其他指令。

现在本节将展示一个使用ngInclude指令的示例。这条小指令非常易用，并且适用于各种目的，尤其是当尝试在现有系统中引入AngularJS时。在该示例中，我们将使用ngInclude指令，通过加载服务器中HTML文件的不同部分来替换基本Web页面顶部的标题栏。

代码清单6-1中的代码实现一个非常基本的AngularJS控制器，它在titleBar变量中存储一个HTML文件的名称。代码清单6-2中的代码实现一个AngularJS模板，该模板在顶部包含一些链接(用于切换页面)和一个<div>元素(第24行，使用ng-include将div的内容更改为titleBar指定的文件)。

标题栏的各种不同版本都位于代码清单6-3和代码清单6-4所示的文件中。基本上，这些文件只包含一个<p>元素，要么把large要么把small类赋予<p>元素。类定义则保存在代码清单6-2的<style>元素中。

图6-1展示两个标题栏。当单击链接切换标题栏时，原来<div>元素中的内容将被替换为正在加载的新HTML文件。

代码清单 6-1：directive_angular_include.js——实现一个控制器用于存储作用域中标题元素的 HTML 文件名

```
01 angular.module('myApp', []).
02   controller('myController', function($scope) {
03     $scope.titleBar = "small_title.html";
04   });
```

代码清单 6-2：directive_angular_include.html——一个 AngularJS 模板，它将使用 ng-include 指令通过交换两个 HTML 文件的方式来改变页面的标题栏

```
01 <!doctype html>
02 <html ng-app="myApp">
03 <head>
04   <title>AngularJS Data Include Directive</title>
05   <style>
06     .large{
07       background-color: blue; color: white;
08       text-align: center;
09       font: bold 50px/80px verdana, serif;
10       border: 6px black ridge; }
11     .small{
12       background-color: lightgrey;
13       text-align: center;
14       border: 1px black solid; }
15     a{
16      color: blue; text-decoration: underline;
17      cursor: pointer; }
18   </style>
19 </head>
20 <body>
21   <div ng-controller="myController">
22     [<a ng-click="titleBar='large_title.html'">Make Title Large</a>]
23     [<a ng-click="titleBar='small_title.html'">Make Title Small</a>]
24     <div ng-include="titleBar"></div>
25   </div>
26   <script src="http://code.angularjs.org/1.3.0/angular.min.js"></script>
27   <script src="js/directive_angular_include.js"></script>
28 </body>
29 </html>
```

代码清单 6-3：small_title.html——包含小版标题的部分 HTML 文件

```
01 <p class="small">
02   This is a Small Title
03 </p>
```

代码清单 6-4：large_title.html——包含大版标题的部分 HTML 文件

```
01 <p class="large">
02   This is a Large Title
03 </p>?
```

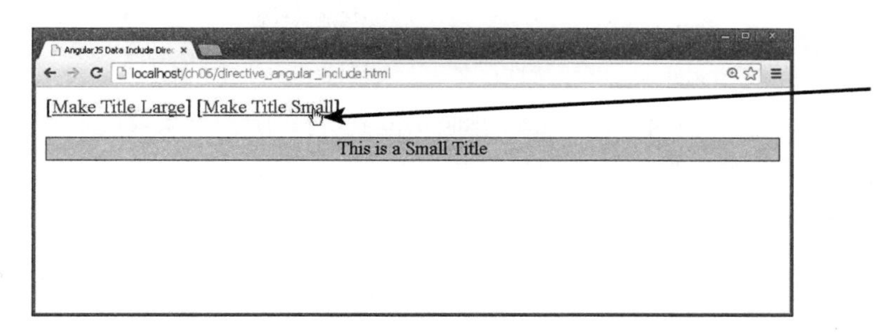

图 6-1　使用 ng-include 指令通过加载不同的 HTML 部分文件动态地改变视图

6.2.2　扩展表单元素的指令

AngularJS与表单元素紧密集成，通过这种方式来为应用中的表单元素提供数据绑定和事件绑定。为了使用正确的方式提供AngularJS功能，表单元素将在编译时扩展。

表6-2列出了AngularJS扩展的表单元素。

表 6-2　扩展表单元素的指令，用于支持 AngularJS 模板功能

指　　令	说　　明
a	当 href 特性为空时，该指令将修改默认行为，阻止默认操作。通过它可以使用 ngClick 或者其他事件指令创建操作链接。例如： `<a href="" ng-click="handleClick()">Click Me</a>`

form/ngForm	AngularJS 在验证时支持嵌套表单，这样当所有子表单都有效时，父表单也有效。不过，浏览器不支持<form>元素的嵌套；因此，应该使用<ng-form>。例如：
	`<ng-form name="myForm>`
	`  <input type="text" ng-model="myName" required>`
	`</ng-form>`

(续表)

指　令	说　明
input	可以修改该指令提供下面的额外 AngularJS 特性。 ● ngModel：将该输入的值绑定到作用域变量 ● name：指定表单名称 ● required：当该特性存在时，表示该字段必须有值 ● ngRequired：根据 ngRequired 表达式的计算结果设置必需的特性 ● ngMinlength：设置 minlength 验证错误数量 ● ngMaxlength：设置 maxlength 验证错误数量 ● ngPattern：指定一个正则模式匹配输入值，用于验证 ● ngChange：指定一个表达式在输入改变时求值；例如，执行作用域中的函数
input.checkbox	除了 AngularJS 已经为 input 指令提供的特性之外，该指令还将添加下面这些额外的 AngularJS 特性。 ● ngTrueValue：当元素被选中时，设置作用域中的一个值 ● ngFalseValue：当元素未被选中时，设置模型中的一个值
input.email	该指令与 input 指令相同
input.number	除了 AngularJS 已经为 input 指令提供的特性之外，该指令还将添加下面这些额外的 AngularJS 特性。 ● min：设置最小验证错误数量 ● max：设置最大验证错误数量
input.radio	除了 AngularJS 已经为 input 指令提供的特性之外，该指令还将添加下面这些额外的 AngularJS 特性。 ● value：当元素被选中时，设置作用域中的一个值
input.text	该指令与 input 指令相同
input.url	该指令与 input 指令相同
input.date	该指令为日期输入元素添加日期验证和转换。作用域中的值也必须是 JavaScript 日期对象。除了 AngularJS 已经为 input 指令提供的特性之外，该指令还将添加下面这些额外的 AngularJS 特性。 ● min：设置最小验证错误数量 ● max：设置最大验证错误数量
input.dateTimeLocal	该指令与 input.date 指令相同，不过它的输入格式必须是有效的 ISO-8601 本地日期-时间格式(yyyy-MM-ddTHH:mm)。例如：2014-11-28T12:37

(续表)

指　　令	说　　明
input.month	该指令与 input.date 指令相同，不过它的输入格式必须是有效的 ISO-8601 月份格式(yyyy-MM)。例如： 2014-11
input.time	该指令与 input.date 指令相同，不过它的输入格式必须是有效的 ISO-8601 时间格式(HH:mm)。例如： 12:37
input.week	该指令与 input.date 指令相同，不过它的输入格式必须是有效的 ISO-8601 周格式(yyyy-W##)。例如： 2014-W02
Select	该指令将在<select>元素中添加额外的 ngOptions 指令

ngOptions	通过该指令，可以基于一个迭代表达式添加选项。如果作用域中的数据源是一个数组，那么请在 ngOptions 中使用下面的表达式，设置<select>中每个<option>元素的 label、name 和 value 特性：
	`label for value in array`
	`select as label for value in array`
	`label group by group for value in array`
	`select as label group by group for value in array track by trackexpr`
	如果作用域中 ngOptions 的源是一个 JavaScript 对象，那么请使用下面的表达式语法：
	`label for (key , value) in object`
	`select as label for (key , value) in object`
	`label group by group for (key, value) in object`
	`select as label group by group for (key, value) in object`
	例如：
	`<select ng-model="color"`
	`ng-options="c.name for c in colors">`
	`<option value="">-- choose color --</option>`
	`</select>`

textarea	该指令与 input 指令相同

代码清单6-5和代码清单6-6实现一些集成作用域的基本AngularJS表单元素。代码清单6-5初始化该作用域。代码清单6-6实现几种常见的表单组件，包括一个文本框、一个复选框、多个单选按钮，以及一个select元素，用于演示它们是如何在模板中定义的，并且是如何与作用域中的数据进行交互的。图6-2显示了最终Web页面。

代码清单 6-5：directive_form.js——为表单指令实现一个控制器

```
01 angular.module('myApp', []).
02   controller('myController', function($scope) {
03     $scope.cameras = [
04       {make:'Canon', model:'70D', mp:20.2},
05       {make:'Canon', model:'6D', mp:20},
06       {make:'Nikon', model:'D7100', mp:24.1},
07       {make:'Nikon', model:'D5200', mp:24.1}];
08     $scope.cameraObj=$scope.cameras[0];
09     $scope.cameraName = 'Canon';
10     $scope.cbValue = '';
11     $scope.someText = '';
12   });
```

代码清单 6-6：directive_form.html——一个 AngularJS 模板，它实现几种不同的表单元素指令

```
01 <!doctype html>
02 <html ng-app="myApp">
03 <head>
04   <title>AngularJS Form Directives</title>
05 </head>
06 <body>
07   <div ng-controller="myController">
08     <h2>Forms Directives</h2>
09     <input type="text" ng-model="someText"> {{someText}}<hr>
10     <input type="checkbox" ng-model="cbValue"
11           ng-true-value="AWESOME" ng-false-value="BUMMER">
12     Checkbox: {{cbValue}}<hr>
13     <input type="radio"
14       ng-model="cameraName" value="Canon"> Canon<br/>
15     <input type="radio"
16       ng-model="cameraName" value="Nikon"> Nikon<br/>
17     Selected Camera: {{cameraName}} <hr>
18     <select ng-model="camera"
19       ng-options="c.model group by c.make for c in cameras">
20     </select>
21     {{camera|json}}
22   <script src="http://code.angularjs.org/1.3.0/angular.min.js"></script>
23   <script src="js/directive_form.js"></script>
24 </body>
25 </html>
```

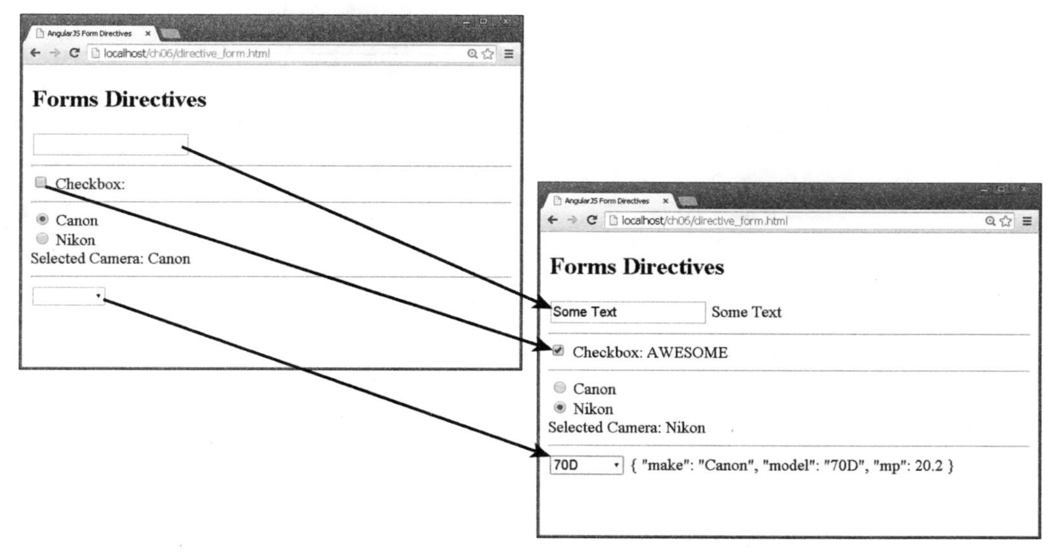

图 6-2　在 AngularJS 模板视图中实现表单指令元素

6.2.3　绑定模型到页面元素的指令

AngularJS模板支持将作用域中的数据直接绑定到HTML元素中显示的内容。可以通过几种方式将数据绑定到视图，如下所示。

- **值**：可以直接展示作用域中表单元素的值。例如，文本输入可以是作用域中的字符串变量，复选框则可以由布尔值表示。
- **HTML**：通过使用表达式，可以在元素的 HTML 输出中展示作用域中数据的值，如下面的代码所示：

```
<p>{{myTitle}}</p>
```

- **特性**：通过在定义中使用表达式，HTML 元素特性的值可以反映作用域中的数据，如下面的代码所示：

```
<a ng-href="/{{hash}}/index.html">{{hash}}</a>.
```

- **可见性**：元素的可见性可以反映视图中的作用域。例如，当基于作用域的表达式为 true 时，该元素是可见的；否则，它是不可见的。
- **存在性**：根据作用域中的值，决定是否忽略编译后 DOM 中的元素。

表6-3列出了将作用域中数据直接绑定到视图元素的指令。

表 6-3　将作用域中数据绑定到 HTML 元素的值、表达式、可见性和存在性

指　　令	说　　明
ngBind	该指令将告诉 AngularJS 使用指定表达式的值替换 HTML 元素的文本内容，并在作用域中的值改变时更新文本内容。例如： <span ng-bind="titleString"></span>

(续表)

指　　令	说　　明
ngBindHtml	该指令将告诉 AngularJS 使用指定表达式的值替换 HTML 元素的 innerHTML 内容，并在作用域中的值改变时更新 innerHTML 内容。例如： <div ng-bind-html="someHTML"></div>
ngBindTemplate	该指令类似于 ngBind，但该表达式可以包含多个{{}}表达式块。例如： <span ng-bind-template="{{aValue}} and {{anotherValue}}"> </span>
ngClass	该指令将通过数据绑定一个表达式(代表待添加的类)，动态地设置元素的 CSS 类。当表达式的值改变时，元素的 CSS 类将自动更新。例如： <p ng-class="myPStyles"></p>
ngClassEven	该指令与 ngClass 相同，但它将与 ngRepeat 一起协作，只会将类的改变应用在集合中偶数索引的元素上。例如： <li ng-repeat="item in items"> <span ng-class-even="evenRowClass">{{item}}</span> </li>
ngClassOdd	该指令与 ngClass 相同，但它将与 ngRepeat 一起协作，只会将类的改变应用在集合中奇数索引的元素上。例如： <li ng-repeat="item in items"> <span ng-class-odd="oddRowClass">{{item}}</span> </li>
ngDisabled	如果表达式计算结果为 true，那么该指令将禁用按钮元素
ngHide	该指令将根据提供的表达式，使用 AngularJS 中提供的.ng-hide CSS 类显示或隐藏HTML 元素。如果作用域中表达式的计算结果为false，那么元素将显示。否则，它将隐藏。例如： <div ng-hide="myValue"></div>
ngShow	该指令与 ngHide 相同，不过效果正好相反：如果作用域中的表达式结算结果为 true，那么元素将显示；否则，它将隐藏。例如： <div ng-show="myValue"></div>
ngIf	该指令将根据表达式删除或者重建 DOM 树的一部分。这不同于显示或者隐藏，因为 DOM 中完全不再显示这些 HTML。例如： <div ng-if="present"></div>
ngModel	该指令将把<input>、<select>或者<textarea>元素的值绑定到作用域模型中的值。当用户改变元素的值时，该值也将自动更新到作用域中，反之亦然。例如： <input type="text" ng-model="myString">
ngRepeat	通过该指令，可以根据作用域中的一个数组添加多个 HTML 元素。这对于列表、表格和菜单是非常有用的。ngRepeat 将通过迭代语法的集合样式使用数据。创建的每个 HTML 元素都将创建一个新的作用域。在遍历生成 HTML 元素的过程中，下面的变量在作用域中将是可见的。

(续表)

指　　令	说　　明

ngRepeat	● index：一个迭代器索引，第一个元素的索引为 0
	● first：一个布尔值，如果这是第一个元素，那么它的值将为 true
	● middle：一个布尔值，如果这不是第一个或者最后一个元素，那么它的值将为 true
	● last：一个布尔值，如果这是最后一个元素，那么它的值将为 true
	● even：如果迭代器是偶数，那么该布尔值为 true
	● odd：如果迭代器是基数，那么该布尔值为 false
	例如，下面的代码将迭代并基于含有 firstname 属性的用户数组构建一系列<li>元素：
	`<li ng-repeat="user in users">`
	`{{$index}}: {{user.firstname}}</li>`

ngInit	该指令将与 ngRepeat 一起使用，用于在迭代过程中初始化值。例如：
	`<div ng-repeat="user in users" ng-init="offset=21">`
	`{{$index+offset}}: {{user.firstname}}</div>`

ngStyle	通过该指令，可以根据作用域中的一个对象(它的属性名和值将匹配 CSS 特性)动态地设置样式。例如： `<span ng-style="myStyle">Stylized Text</span>`

ngSwitch	通过该指令，可以根据一个作用域表达式，动态地交换编译模板中包含的 DOM 元素。下面是一个作用于多个元素的语法的示例：
	`<div ng-switch="myLocation">`
	`  <div ng-switch-when="home">Home Info</div>`
	`  <div ng-switch-when="work">Work Info</div>`
	`  <divng-switch-default>Default Info</div>`
	`</div>`

ngValue	该指令将把 input[select]或者 input[radio]中选择的值绑定到 ngModel 中指定的表达式。例如：
	`<div ng-repeat="pizza in pizzas"`
	`  <input type="radio" name="pizza"`
	`    ng-model="myPizza" ng-value="pizza" id="{{pizza}}" >`
	`</div>`

代码清单6-7和代码清单6-8提供了基本AngularJS绑定指令的一些示例。代码清单6-7初始化作用域值，包括第4行中的myStyle对象。代码清单6-8提供模板中绑定指令的实际实现。

代码清单6-8中的模板代码是非常直观的，它只使用了一些表达式。第15行和第16行将单选按钮<input>绑定到作用域中的myStyle['background-color']属性。这将演示如何处理样式名称(这里不允许使用点记号，如myStyle.color)。另外要注意，单选按钮的值将使用ng-value进行设置，用于从ng-repeat作用域中获得颜色值。

另外注意，当使用ng-class-even设置类名时，类名even需要包含在单引号中，因为它是一个字符串。图6-3显示了最终Web页面。

代码清单 6-7：directive_bind.js——实现一个含有作用域模型的控制器，用于支持数据绑定指令

```
01 angular.module('myApp', []).
02   controller('myController', function($scope) {
03     $scope.colors=[ 'red','green','blue'];
04     $scope.myStyle = { "background-color": 'blue' };
05     $scope.days=[ 'Monday', 'Tuesday', 'Wednesday',
06                  'Thursday', 'Friday'];
07     $scope.msg="Dynamic Message from the model";
08   });
```

代码清单 6-8：directive_bind.html——一个实现几种不同数据绑定指令的 AngularJS 模板

```
01 <!doctype html>
02 <html ng-app="myApp">
03 <head>
04   <title>AngularJS Data Binding Directives</title>
05   <style>
06     .even{ background-color:lightgrey;}
07     .rect{ display:inline-block; height:40px; width:100px;}
08   </style>
09 </head>
10 <body>
11   <div ng-controller="myController">
12     <h2>Data Binding Directives</h2>
13     <label ng-repeat="color in colors">
14       {{color}}
15       <input type="radio" ng-model="myStyle['background-color']"
16              ng-value="color" id="{{color}}" name="mColor">
17     </label>
18     <span class="rect" ng-style="myStyle"></span><hr>
19     <li ng-repeat="day in days">
20       <span ng-class-even="'even'">{{day}}</span>
21     </li><hr>
22     Show Message: <input type="checkbox" ng-model="checked" />
23     <p ng-if="checked" ng-bind="msg"> </p>
24   </div>
25   <script src="http://code.angularjs.org/1.3.0/angular.min.js"></script>
26   <script src="js/directive_bind.js"></script>
27 </body>
28 </html>
```

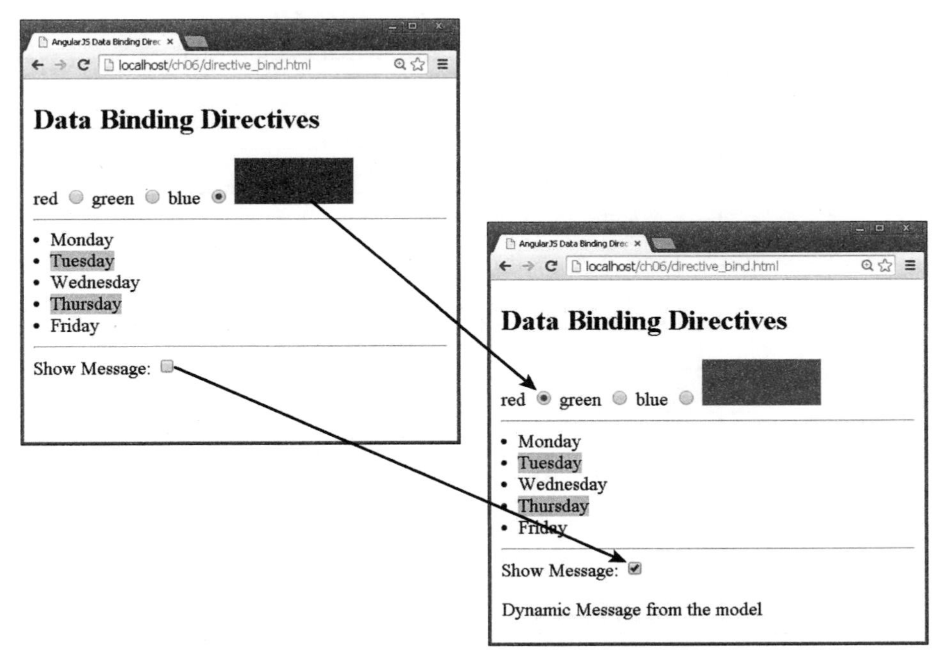

图 6-3　在 AngularJS 模板视图中实现数据绑定指令

6.2.4　绑定页面事件到控制器的指令

AngularJS支持将浏览器事件绑定到控制器代码。这意味着可以从作用域的角度处理用户输入。然后可以在正确的作用域中直接实现浏览器事件的处理程序。指令event的工作方式与普通浏览器事件处理程序非常相似，除了它们是直接链接到作用域上下文的之外。

表6-4列出了将页面和设备事件绑定到AngularJS模型的指令。所有这些指令都允许指定一个表达式，如第5章所讨论过的，该表达式通常是作用域中定义的函数。例如，下面是作用域中一个名为setTitle的函数：

```
$scope.setTitle = function(title){
  $scope.title = title;
};
```

可以使用下面的ng-click指令将作用域中的setTitle()函数直接绑定到视图中的input按钮：

```
<input type="button" ng-click="setTitle('New Title')">
```

表 6-4　将页面/设备事件绑定到 AngularJS 模型功能的指令

指　　令	说　　明
ngBlur	当失去焦点事件被触发时计算一个表达式
ngChange	当表单元素值改变时计算一个表达式
ngChecked	当选择一个复选框或者单选元素时计算一个表达式
ngClick	当单击鼠标时计算一个表达式
ngCopy	当复制事件被触发时计算一个表达式

(续表)

指　　令	说　　明
ngCut	当剪切事件被触发时计算一个表达式
ngDblclick	当双击鼠标时计算一个表达式
ngFocus	当元素进入焦点触发获得焦点事件时计算一个表达式
ngKeydown	当键盘键被按下时计算一个表达式
ngKeypress	当键盘键被按下并放开时计算一个表达式
ngKeyup	当键盘键被放开时计算一个表达式
ngMousedown	当鼠标键被按下时计算一个表达式
ngMouseenter	当鼠标进入元素时计算一个表达式
ngMouseleave	当鼠标离开元素时计算一个表达式
ngMousemove	当鼠标光标移动时计算一个表达式
ngMouseover	当鼠标指针在一个元素上悬停时计算一个表达式
ngMouseup	当鼠标按钮被放开时计算一个表达式
ngPaste	当粘贴事件被触发时计算一个表达式
ngSubmit	阻止默认表单提交操作(向服务器发送请求)，并计算指定的表达式
ngSwipeLeft	当鼠标左滑动事件被触发时计算一个表达式
ngSwiteRight	当鼠标右滑动事件被触发时计算一个表达式

可以使用$event关键字将JavaScript事件对象传入事件表达式。通过这种方式我们可以访问事件信息、停止传播以及执行通常可以通过JavaScript事件对象完成的所有操作。例如，下面的ng-click指令将把鼠标单击事件传递给myClick()处理程序函数：

```
<input type="button" ng-click="myClick($event)">
```

接下来将提供一些使用AngularJS事件指令与浏览器事件进行交互的示例。

1. 使用获得焦点和失去焦点事件

AngularJS ngBlur和ngFocus指令对于追踪表单元素何时获得焦点和失去焦点是非常有用的。例如，你可能希望在特定的输入元素获得和失去焦点时执行控制器中的某些代码，例如；在更新模型之前操作输入。代码清单6-9和代码清单6-10中的代码演示了一个使用ngBlur和ngFocus指令，根据进入和离开文本输入框来设置作用域值的示例。

代码清单6-9中的代码实现一个控制器，它定义一个inputData对象用于存储两个<input>元素中的值。当输入元素获得焦点时，将调用函数focusGained()，并将使用input参数设置将该输入元素对应的值inputData设置为空字符串。focusLost()函数将接受event和input作为输入，使用event对象获得目标元素的值并更新inputData中对应的属性。

代码清单6-10中的代码是一个AngularJS模板，该模板实现两个<input>元素并将focusGained()和focusLost()处理程序赋给ng-focus和ng-blur特性。图6-4展示一个真实的基本示例。注意，当单击输入元素时，inputData中存储的值将设置为空字符串，当离开该输入元素时，该值将更新。

代码清单 6-9：directive_focus_events.js——实现一个含有作用域数据和事件处理程序的控制器，用于支持视图中的失去焦点和获得焦点事件

```
01 angular.module('myApp', []).
02  controller('myController', function($scope) {
03    $scope.inputData = { input1: '',
04                         input2: '' };
05    $scope.focusGained = function(input){
06      $scope.inputData[ input] = '';
07    };
08    $scope.focusLost = function(event, input){
09      var element = angular.element(event.target);
10      var value = element.val();
11      $scope.inputData[ input] = value.toUpperCase();
12    };
13  });
```

代码清单 6-10：directive_focus_events.html——一个实现 ngFocus 和 ngBlur 指令的 AngularJS 模板

```
01 <!doctype html>
02 <html ng-app="myApp">
03 <head>
04  <title>AngularJS Focus Event Directives</title>
05 </head>
06 <body>
07  <div ng-controller="myController">
08    <h2>Focus Event Directives</h2>
09    Input 1:<br>
10    <input type="text"
11      ng-blur="focusLost($event, 'input1')"
12      ng-focus="focusGained('input1')"><br>
13    Input 2:<br>
14    <input type="text"
15      ng-blur="focusLost($event, 'input2')"
16      ng-focus="focusGained('input2')"><hr>
17    Input Data: {{inputData|json}}<br/>
18  </div>
19  <script src="http://code.angularjs.org/1.3.0/angular.min.js"></script>
20  <script src="js/directive_focus_events.js"></script>
21 </body>
22 </html>
```

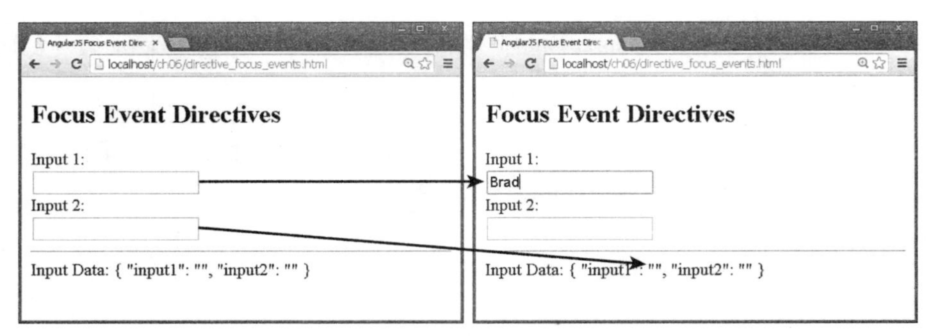

图 6-4　在 AngularJS 模板视图中实现焦点事件指令

2. 处理 AngularJS 元素上的键盘事件

最常用的键盘事件指令就是ngKeydown和ngKeyup事件，它们分别在键盘键按下和放开时触发。当用户使用键盘输入时，键盘事件有助于与用户更好地进行交互。可能最常见的键盘交互就是：当用户按下键盘上的回车键时应用某些操作。代码清单6-11和代码清单6-12演示ngKeydown和ngKeyup指令的用法。

代码清单6-11中的代码实现一个控制器，该控制器为键盘键按下和键盘键松开提供模型和键盘处理程序函数。storedString变量将用于存储文本输入的值(每当用户在输入元素中按下回车键时)。keyInfo变量将用于存储最后按键的keyCode，数组keyStrokes记录之前按下的键的keyCode。在keyPressed()函数中，我们将检查keyCode是否为13，13意味着回车键被按下，如果是这样，那么我们将记录storedString并重置其他变量。

代码清单6-12中的代码是一个AngularJS模板，它将把ng-keydown和ng-keyup指令赋给一个<input>元素。当触发ng-keydown时，更新作用域中的keyState变量，当触发ng-keyup时，调用keyPressed()处理程序。图6-5显示了一个实际运行的AngularJS Web页面。注意，当在文本输入中输入每个字符时，模型都将更新，当按下回车键时，存储单词，重置数组keyStrokes。

代码清单 6-11：irective_keyboard_events.js——实现一个含有作用域数据和事件处理程序的控制器，用于支持视图中的键盘键按下和键盘键松开事件

```
01 angular.module('myApp', []).
02   controller('myController', function($scope) {
03     $scope.storedString = '';
04     $scope.keyInfo = {};
```

```
05     $scope.keyStrokes = [];
06     $scope.keyState = 'Not Pressed';
07     $scope.keyPressed = function(event){
08       if (event.keyCode == 13){
09         var element = angular.element(event.target);
10         $scope.storedString = element.val();
11         element.val('');
12         $scope.keyInfo.keyCode = event.keyCode;
13         $scope.keyStrokes = [];
14         $scope.keyState = 'Enter Pressed';
15       } else {
16         $scope.keyInfo.keyCode = event.keyCode;
17         $scope.keyStrokes.push(event.keyCode);
18         $scope.keyState = 'Not Pressed';
19       }
20     };
21   });
```

代码清单 6-12：directive_keyboard_events.html——一个实现 ngKeydown 和 ngKeyup 指令的 AngularJS 模板

```
01 <!doctype html>
02 <html ng-app="myApp">
03 <head>
04   <title>AngularJS Keyboard Event Directives</title>
05 </head>
06 <body>
07   <div ng-controller="myController">
08     <h2>Keyboard Event Directives</h2>
09     <input type="text"
10         ng-keydown="keyState='Pressed'"
11         ng-keyup="keyPressed($event)"><hr>
12     Keyboard State:<br>
13       {{keyState}}<hr>
14     Last Key:<br>
15       {{keyInfo|json}}<hr>
16     Stored String:<br>
17       {{storedString}}<hr>
18     Recorded Key Strokes:<br>
19       {{keyStrokes}}
20   </div>
21   <script src="http://code.angularjs.org/1.3.0/angular.min.js"></script>
22   <script src="js/directive_keyboard_events.js"></script>
23 </body>
24 </html>
```

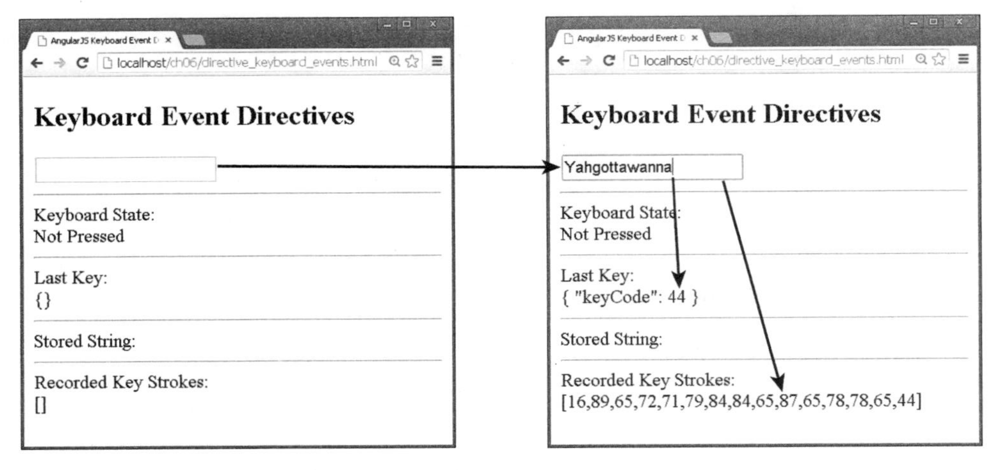

图 6-5　在 AngularJS 模板视图中实现键盘事件指令

3. 处理 AngularJS 元素上的鼠标事件

AngularJS提供几条鼠标事件指令，通过使用它们可以轻松地增强AngularJS应用与鼠标的交互性。最常用的鼠标事件指令就是ngClick，在鼠标单击时使用。不过，还有其他几个鼠标事件也非常易用，有助于创建交互性更强的组件。代码清单6-13和代码清单6-14中的代码示例演示ngClick、ngMouseenter、ngMouseleave、ngMousedown、ngMouseup和ngMousemove指令的用法。

代码清单6-13中的代码实现一个控制器，它提供模型以及mouseClick()和mouseMove()处理程序函数，用于处理单击和鼠标移动事件。当鼠标在元素上移动时，实时鼠标位置信息将存储在mouseInfo结构中。每次在元素上单击鼠标时，单击位置都将存储在lastClickInfo中。

代码清单6-14中的代码是一个AngularJS模板，它将把鼠标事件指令赋给一个<img>元素，并显示mouseInfo和lastClickInfo结构。图6-6显示了一个可运行的AngularJS应用。注意，当进入、离开和单击图像时，鼠标状态也会随之改变。另外注意，当在图像上移动鼠标或者单击时，位置信息也会更新。

代码清单 6-13：directive_mouse_events.js——实现含有作用域数据和事件处理程序的控制器，用于支持视图中的鼠标单击和移动事件

```
01 angular.module('myApp', []).
02   controller('myController', function($scope) {
03     $scope.mouseInfo = {};
04     $scope.lastClickInfo = {};
05     $scope.mouseClick = function(event){
06       $scope.lastClickInfo.clientX = event.clientX;
07       $scope.lastClickInfo.clientY = event.clientY;
08       $scope.lastClickInfo.screenX = event.screenX;
09       $scope.lastClickInfo.screenY = event.screenY;
10     };
11     $scope.mouseMove = function(event){
12       $scope.mouseInfo.clientX = event.clientX;
13       $scope.mouseInfo.clientY = event.clientY;
14       $scope.mouseInfo.screenX = event.screenX;
15       $scope.mouseInfo.screenY = event.screenY;
16     };
17   });
```

代码清单 6-14：directive_mouse_events.html——一个实现 ngClick 和其他鼠标单击/移动事件指令的 AngularJS 模板

```
01 <!doctype html>
02 <html ng-app="myApp">
03 <head>
04   <title>AngularJS Event Directives</title>
05   <style>
06     img {
07       border: 3px ridge black;
08       height: 200px; width: 200px;
09       display: inline-block;
10     }
11   </style>
12 </head>
13 <body>
14   <div ng-controller="myController">
15     <h2>Event Directives</h2>
16     <img
17         src="/images/arch.jpg"
18         ng-mouseenter="mouseState='Entered'"
19         ng-mouseleave="mouseState='Left'"
20         ng-mouseclick="mouseState='Clicked'"
21         ng-mousedown="mouseState='Down'"
22         ng-mouseup="mouseState='Up'"
23         ng-click="mouseClick($event)"
24         ng-mousemove="mouseMove($event)"></img><hr>
25     Mouse State: {{mouseState}}<br/>
26     Mouse Position Info: {{mouseInfo|json}}<br/>
27     Last Click Info: {{lastClickInfo|json}}<br/>
```

```
28   </div>
29   <script src="http://code.angularjs.org/1.3.0/angular.min.js"></script>
30   <script src="js/directive_mouse_events.js"></script>
31 </body>
32 </html>
```

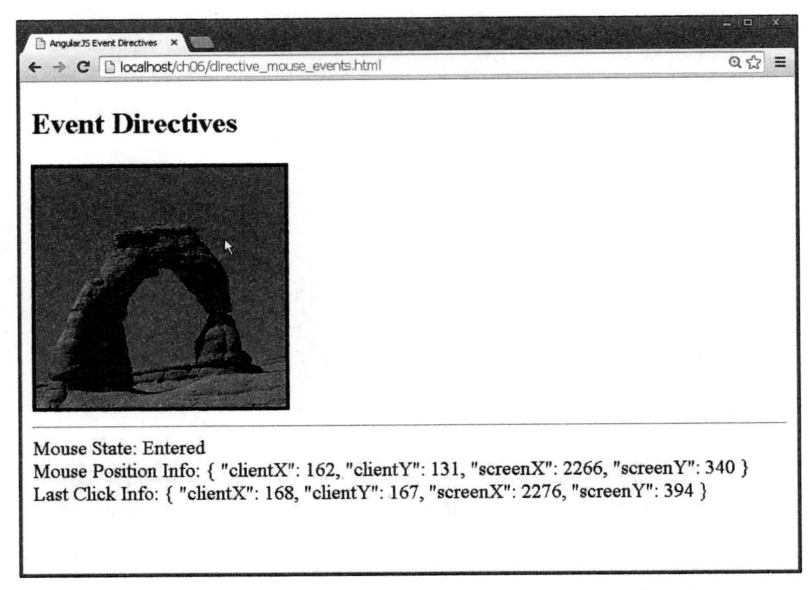

图 6-6　在 AngularJS 模板中实现鼠标单击和移动事件指令

6.3　小结

AngularJS指令对HTML的行为进行扩展。在AngularJS模板中，可以将指令用作HTML元素、特性和类。可以使用JavaScript代码定义指令的功能。AngularJS提供几条内置指令，用于与表单元素交互、绑定作用域中数据到视图以及与浏览器事件交互。例如，ngModel将把表单元素的值直接绑定到作用域。当作用域值改变时，该元素显示的值也将随之改变，反之亦然。

第7章

创建自定义指令用于扩展HTML

与AngularJS的许多其他指令一样，可以通过创建自定义指令来扩展指令功能。通过自定义指令，可以自己实现元素的行为，从而扩展HTML的功能。如果需要操作DOM的代码，那么更应该使用自定义指令实现。与内置指令一样，自定义指令提供与表单元素交互、绑定作用域中数据到视图和与浏览器事件交互的功能。

本章将讨论自定义指令的设计和实现。你将有机会看到一些自定义指令的示例，它们会演示如何扩展HTML的功能。

7.1 了解自定义指令定义

通过调用Module对象上的directive()方法实现自定义指令。directive()方法将接受指令名称(作为第一个参数)和一个提供者函数(返回一个包含构建指令对象所需指令的对象)。例如，下面是一条指令的基本定义：

```
angular.module('myApp', []).
  directive('myDirective', function() {
    return {
      template: 'Name: {{name}} Score: {{score}}'
    };
  });
```

表7-1列出了由指令定义返回的对象(之前代码中返回的template)可以使用的属性。

表 7-1 定义 AngularJS 指令功能的指令定义属性

属　　性	说　　明
template	通过它可以定义插入指令元素中的 AngularJS 模板文本
templateUrl	与 template 相同，不过需要指定一个服务器上的 URL，该地址中的部分模板将下载并插入指令元素中
restrict	通过它可以指定指令是否应用于 HTML 元素、特性或者这两者

(续表)

属　　性	说　　明
type	它将设置为一个代表标记使用的文档类型的字符串。这对于含有非 HTML 根节点的模板是非常有用的，如 SVG 或者 MathML。它的默认值是 html。 ● html：所有根模板节点都是 HTML，并且不需要封装。根节点也可以是顶级元素，如<svg>或者<math> ● svg：该模板只包含 SVG 内容，并将在处理之前封装在一个<svg>节点中 ● math：该模板只包含 MathML 内容，并将在处理之前封装在一个< math>节点中
multiElement	它将告诉编译器收集 directive-name-start 和 directive-name-end 特性之间的 DOM 节点，将它们组织在一起作为指令元素。你应该只在行为不严格的指令(例如 ngClick)上使用该选项，不要在操作或者替换子节点的指令(如 ngInclude)上使用
priority	指定该指令的优先级编号。指令将按优先级顺序从具有最高优先级值的指令开始编译。prelink 函数将按照相同的顺序从最高优先级开始执行，但 postlink 函数将按照相反的顺序从最低优先级开始执行
terminal	这是一个布尔值，它将告诉编译器终止，不要编译拥有低优先级的指令。所有优先级值小于 1 并且 terminal 设置为 true 的指令将不会编译
transclude	通过它可以指定指令是否可以访问内部作用域之外的作用域。这样就可以将元素的内容封装在一个编译和链接指令时产生的新元素中
scope	通过它可以定义指令的作用域。该作用域可以共享父作用域、继承父作用域或者拥有自己的隔离作用域
compile	通过它可以指定一个可以访问 DOM 元素特性的编译函数。通过编译函数，可以定义 prelink 和 postlink 函数，这些函数可以与 AngularJS 模板 DOM 交互并操作它们
link	类似于编译函数，但它还提供对作用域的访问。链接函数只有在编译函数不存在时才会执行。在链接函数中，可以注册 DOM 事件侦听器和操作 DOM。链接函数将在模板复制之后执行。通常应该将大部分模板逻辑都添加到链接函数中
controller	通过它可以在指令中定义一个控制器，用于管理指令作用域和视图
controllerAs	为控制器指定一个别名，这样就可以在指令模板中引用它。指令需要为所使用的该配置定义一个作用域。当指令用作组件时，该选项是非常有用的
bindToController	当组件中使用隔离作用域并且使用 controllerAs 时，通过 bindToController 可以将组件的属性绑定到控制器，而不是作用域。当控制器实例化时，隔离作用域绑定的初始值已经是可用的
require	通过它可以指定实现该指令所必需的其他指令。这些指令的提供者必须对将创建的指令实例可用
template	通过它可以定义插入指令元素中的 AngularJS 模板文本

接下来将详细讨论这些指令选项。

7.1.1　定义指令视图模板

可以通过包含AngularJS模板代码的方式构建视图组件(它们将显示在包含指令的HTML元素中)。可以使用template属性直接添加模板代码，如下面的示例所示：

```
directive('myDirective', function() {
  return {
    template: 'Name: {{name}} Score: {{score}}'
  };
});
```

可以在自定义模板中指定一个根元素——但仅仅一个元素。该元素将作为AngularJS模板中定义的所有子元素的根元素被替换到指令内部。另外，如果正在使用transclude标志，那么该元素应该包含ngTransculde。例如：

```
directive('myDirective', function() {
  return {
    transclude: true,
    template: '<div ng-transclude></div>'
  };
});
```

也可以使用templateUrl属性指定Web服务器中AngularJS模板的URL，如下例所示：

```
directive('myDirective', function() {
  return {
    templateUrl: '/myDirective.html'
  };
});
```

模板URL可以包含任何标准的AngularJS模板代码，因此可以根据需要让指令变得非常简单或者非常复杂。

7.1.2　限制指令行为

可以将指令用作HTML元素、特性或者同时用作这两者。restrict属性允许对自定义行为进行限制。它可以设置为下列值：

- **A**：用作特性名。例如：

```
<my-directive></my-directive>
```

- **E**：用作元素名。例如：

```
<div my-directive="expression"></div>
```

- **C**：用作类。例如：

```
<div class="my-directive: expression;"></div>
```

- **M**：用作注释。例如：

```
<!-- directive: my-directive expression -->
```

- **AEC**：用作特性、元素或者类名。也可以使用其他的结合方式，如 AE 或者 AC。例如，可以将下面的指令用作特性或者元素：

```
directive('myDirective', function() {
  return {
    restrict: 'AE',
    templateUrl: '/myDirective.html'
  };
});
```

下面的代码演示如何将指令同时实现为元素和属性。注意，驼峰式名称将被连字符所代替：

```
<my-directive></my-directive>
<div my-directive></div>
```

7.1.3 在指令中添加控制器

可以使用指令定义的controller属性在指令中添加自定义控制器。通过这种方式，可以为指令模板提供控制器支持。例如，下面的代码将添加一个简单的控制器，用于创建作用域值和函数：

```
directive('myDirective', function() {
  return {
    scope: {title: '='},
    controller: function ($scope){
      $scope.title = "new";
      $scope.myFunction = function(){
      });
    }
  };
});
```

也可以使用require选项保证控制器对指令是可用的。 require选项将使用require:'^controller'语法指示注入器服务查找父上下文，直到它找到控制器。下面是一个示例，它要求在指令中使用myContoller控制器：

```
directive('myDirective', function() {
  return {
    require: '^myController'
  };
});
```

当添加require选项时，指定的控制器将作为link()函数的第4个参数传入。例如：

```
directive('myDirective', function() {
  return {
    require: '^myController',
```

```
    link: function(scope, element, attrs, injectedMyController){
         }
  };
});
```

也可以使用requires选项要求使用多个控制器，在这种情况下传入link()函数的将是一个控制器数组。例如：

```
directive('myDirective', function() {
  return {
    require: [ '^myControllerA', '^myControllerB'],
    link: function(scope, element, attrs, requiredControllers){
            var controllerA = requiredControllers[ 0];
            var controller = requiredControllers[ 1];
         }
  };
});
```

如果在require选项中指定另一条指令的名称，那么将链接该指令的控制器。例如：

```
directive('myDirective', function() {
  return {
    require: '^myOtherDirective',
    link: function(scope, element, attrs, otherDirectiveController){
         }
  };
});
```

7.1.4　配置指令作用域

默认情况下，指令将与父指令共享作用域。对于大多数需求，这通常是足够的。最不利的一点在于：你可能不希望在父作用域中包含所有自定义指令属性，尤其是当父作用域是根作用域时。

为了解决这个问题，可以使用scope属性为该指令定义一个单独的作用域。接下来的小节将描述如何添加继承获得的作用域和隔离的作用域。

1. 添加继承获得的作用域

在指令中添加作用域最简单的方法就是创建一个继承自父作用域的作用域。这样做的优点是：你将获得一个独立于父作用域的作用域，可以在其中添加额外的值，但缺点在于：自定义指令仍然可以修改父作用域中的值。

要为自定义指令创建一个继承获得的作用域，只需要将指令的scope属性设置为真即可。例如：

```
directive('myDirective', function() {
  return {
    scope: true
  };
});
```

2. 添加隔离的作用域

有时，你可能希望将指令中的作用域与指令外的作用域分离开。这样做将阻止指令修改父控制器作用域中的值。指令定义允许指定一个scope属性，用于创建一个隔离作用域。该作用域将把指令作用域和外部作用域相隔离，从而防止指令访问外部作用域，也防止外部作用域中的控制器修改指令作用域。例如，下面的代码将把指令作用域和外部作用域隔离开：

```
directive('myDirective', function() {
  return {
    scope: { },
    templateUrl: '/myDirective.html'
  };
});
```

使用该代码，该指令有一个完全隔离的作用域。不过，你可能希望仍然将外部作用域中的某些数据项映射到指令的内部作用域。可以通过使用下面的特性名前缀，保证局部作用域变量在指令的作用域中可用。

- **@**：将局部作用域字符串绑定到 DOM 特性的值。该特性的值将在指令作用域内部可用。
- **=**：在局部 scope 属性和指令 scope 属性之间创建双向绑定。
- **&**：将局部作用域中的函数绑定到指令作用域。

如果前缀之后没有属性名，那么使用指令属性的名称。例如：

```
title: '@'
```

等同于

```
title: '@title'
```

下面的代码展示将局部值映射到指令的隔离作用域中的所有方法：

```
angular.module('myApp', []).
  controller('myController', function($scope) {
    $scope.title="myApplication";
    $scope.myFunc = function(){
      console.log("out");
    };
  }).
  directive('myDirective', function() {
    return {
      scope: {title: '=', newFunc:"&myFunc", info: '@'},
      template: '<div ng-click="newFunc()">{{title}}: {{info}}</div>'
    };
  });
```

下面的代码展示如何在AngularJS模板中定义指令，为映射属性提供必需的特性。

```
<div my-directive
     my-func="myFunc()"
```

```
    title="title"
    info="SomeString"></div>
```

7.1.5 嵌入元素

刚开始嵌入可能是一个难以理解的概念。基本上，这个概念就是：将自定义指令的内容定义在AngularJS模板中，并将它们绑定到作用域中。它的工作方式是：指令的链接函数将接收到一个提前绑定到当前作用域的嵌入函数。 然后指令中的元素就可以访问指令外的作用域。

可以将transclude选项设置为下列值：

- **true**：嵌入指令的内容。
- **'element'**：嵌入整个元素，包括更低级别的所有指令。

也必须在指令模板中包含元素中的ngTransclude指令。下面是一个实现transclude的示例，它将从myDirective指令模板中访问控制器作用域中的title变量：

```
angular.module('myApp', []).
  directive('myDirective', function() {
    return {
      transclude: true,
      scope: {},
      template: '<div ng-transclude>{{title}}</div>'
    };
  }).
  controller('myController', function($scope) {
    $scope.title="myApplication";
  });
```

7.1.6 使用链接函数操作 DOM

当AngularJS HTML编译器遇到指令时，它将运行指令的编译功能，该功能将返回link()函数。接着link()函数将被添加到AngularJS指令列表中。当所有指令都完成编译之后，HTML编译器将根据优先级有序地调用link()函数。

如果希望在自定义指令中修改DOM，那么应该使用link()函数。该函数接受与指令相关联的scope 、element 、attributes、controller和transclude函数，通过它可以在指令中直接操作DOM。transclude函数是一个绑定到内嵌作用域的句柄。

在link()函数中，可以处理指令元素的$destroy事件并完成必需的清理工作。link()函数也负责注册处理浏览器的DOM侦听器。

link()函数将使用下面的语法：

```
link: function( scope, element , attributes , [controller] , [transclude] )
```

scope参数是指令的作用域，element参数是将要插入指令的元素，attributes参数是元素上声明的属性，controller参数是由require选项指定的控制器。transclude参数是内嵌函数的句柄。

当原始元素的内容发生嵌入时，嵌入函数提供对新创建的元素的访问。如果只是需要一个含有继承获得的作用域的嵌入元素，那么可以调用嵌入函数即可。例如：

```
link: function link(scope, elem, attr, controller, transcludeFn){
      var transcludedElement = transcludeFn();
    }
```

也可以通过指定clone参数访问嵌入元素的副本。例如：

```
link: function link(scope, elem, attr, controller, transcludeFn){
      transcludeFn(function(clone){
        //在这里访问 clone . . .
      });
    }
```

还可以通过使用scope参数和clone参数，访问一个不同作用域中嵌入元素的副本。例如：

```
link: function link(scope, elem, attr, controller, transcludeFn){
      transcludeFn(scope, function(clone){
        //在这里访问 clone . . .
      });
    }
```

下面的元素展示一个基本link()函数的实现，它将设置作用域变量、在DOM元素中追加数据、实现$destroy()事件处理程序并在作用域中添加$watch：

```
directive('myDirective', function() {
  return {
    scope: {title: '='},
    require: '^otherDirective',
    link: function link(scope, elem, attr, controller, transclude){
      scope.title = "new";
      elem.append("Linked");
      elem.on('$destroy', function() {
        //清除代码
      });
      scope.$watch('title', function(newVal){
        //监视代码
      });
    }
  };
```

link属性也可以设置为包含pre和post属性的对象(分别指定prelink和postlink函数)。在之前的示例中，属性link设置为一个函数，该函数被当作了postlink函数执行，这意味着它将在子元素链接完成后执行，而prelink函数将在子元素链接之前执行。因此，只应该在postlink函数中操作DOM。实际上，我们很少需要包含prelink函数。

下面的代码展示一个同时包含prelink和postlink函数的语法的示例：

```
directive('myDirective', function() {
  return {
  link: {
    pre: function preLink(scope, elem, attr, controller){
          //链接前代码
        },
```

```
    post: function postLink(scope, elem, attr, controller){
          //链接后代码
        },
  }
};
```

7.1.7 使用编译函数操作 DOM

编译函数非常类似于链接函数，它有一个重要的优点，但也有几个缺点。使用编译函数的优点和主要原因是性能。当编译模板时，编译函数只执行一次，而链接函数将在每次链接元素时执行，例如，当在ng-repeat循环中使用多条指令或者模型改变时。如果正在执行大量DOM操作，那么这可能是个大问题。

下面是编译函数的限制。

- 所有操作将在复制发生之前完成。这意味着在 ng-repeat 中使用自定义指令时，所有 DOM 操作将应用在生成的所有自定义指令上。
- compile()方法不能处理在自己的模板中递归使用自己的指令，也不能使用 compile()函数，因为这可能会导致无限循环。
- compile()方法无法访问作用域。
- 因为嵌入函数已经废弃了，并且已经从编译函数中移除了，所以无法链接到嵌入的元素。

compile()方法的语法非常类似于link()方法。可以指定单个postlink函数，例如：

```
directive('myDirective', function() {
  return {
  compile: function compile(scope, elem, attr, controller){
           //链接前代码
          }
};
```

也可以使用对象同时指定prelink和postlink函数，如下所示：

```
directive('myDirective', function() {
  return {
  compile: {
    pre: function preLink(elem, attr){
          //链接前代码
        },
    post: function postLink(elem, attr){
          //链接后代码
        },
   }
};
```

7.2 实现自定义指令

可以定义的自定义指令类型实际上是无限的，这将使AngularJS具有很好的扩展性。自定义指令是AngularJS中最复杂的部分，难以解释和掌握。学习自定义指令最好的方式就是学习一些自定义指令示例，了解如何实现它们，以及它们是如何交互的。

7.2.1 在自定义指令中操作 DOM

在自定义指令中执行的最常见任务就是操作DOM。这是AngularJS应用中唯一一个真正应该操作DOM的地方。在本练习中，我们将构建一条基本的自定义指令，该指令将在包含它的元素两侧添加一个含有标题和页脚的方框。该示例非常简单，它将演示如何使用AngularJS中的某些机制，例如，将值作为特性设置为自定义指令。

代码清单7-1中的代码创建一个简单的应用，其中包含一个只含有作用域变量title的控制器。然后该代码定义一条支持嵌入的指令，并将自定义指令限制为只使用元素名，另外它还定义一个接受title和bwidth字符串参数的隔离作用域。该示例还定义一个模板，在其中添加一个标题栏和一个<div ng-transclude>，用于存储自定义指令中嵌入的内容。

link()函数将使用append添加一个页脚元素。这也可以在模板中完成；不过，我希望演示这一点：它也可以在link()函数中实现。另外注意，页脚元素的文本来自于父作用域中的title值(使用scope.$parent.title)。link()函数还将添加一个边框，并根据作用域中的bwidth值设置该边框的display和width值。

代码清单7-2中的代码实现一个AngularJS模板，该模板将创建一些CSS样式，然后添加代码清单7-1中定义的<mybox>自定义指令。注意，指令的内容是可变的，它可以是字符串、图片，也可以是一个文本段落。图7-1显示出了最终的结果。注意，bwidth特性大小决定方框的宽度，而且所有元素都将被相同类型的方框所围绕。

代码清单 7-1：directive_custom_dom.js——实现一条操作 DOM 的自定义指令

```
01 angular.module('myApp', [])
02 .controller('myController', function($scope) {
03    $scope.title="myApplication";
04  })
05 .directive('mybox', function() {
06  return {
07    transclude: true,
08    restrict: 'E',
09    scope: {title: '@', bwidth: '@bwidth'},
10    template: '<div><span class="titleBar">{{title}} ' +
11           '</span><div ng-transclude></div></div>',
12    link: function (scope, elem, attr, controller, transclude){
13       elem.append('<span class="footer">' + scope.$parent.title + '</span>');
14       elem.css('border', '2px ridge black');
15       elem.css('display', 'inline-block');
16       elem.css('width', scope.bwidth);
17     },
18    };
19  });
```

代码清单 7-2：directive_custom_dom.html——一个 AngularJS 模板，它将使用操作 DOM 的自定义指令

```
01 <!doctype html>
02 <html ng-app="myApp">
03 <head>
04   <title>AngularJS Custom Directive</title>
05   <style>
06     * { text-align: center ;}
07     .titleBar { color: white; background-color: blue;
08                 font: bold 14px/18px arial; display: block;}
09     .footer {  color: white; background-color: blue;
10                font: italic 8px/12px arial; display: block;}
11   </style>
12 </head>
13 <body>
14   <div ng-controller="myController">
15     <h2>Custom Directive Manipulating the DOM</h2>
16     <mybox title="Simple Text" bwidth="100px">
17       Using AngularJS to build a simple box around elements.
18     </mybox>
19     <mybox title="Image" bwidth="150px">
20       <img src="/images/arch.jpg" width="150px" />
21     </mybox>
22     <mybox title="Paragraph" bwidth="200px">
23       <p>Using AngularJS to build a simple box around a paragraph.</p>
24     </mybox>
25   </div>
26   <script src="http://code.angularjs.org/1.3.0/angular.min.js"></script>
27   <script src="js/directive_custom_dom.js"></script>
28 </body>
29 </html>
```

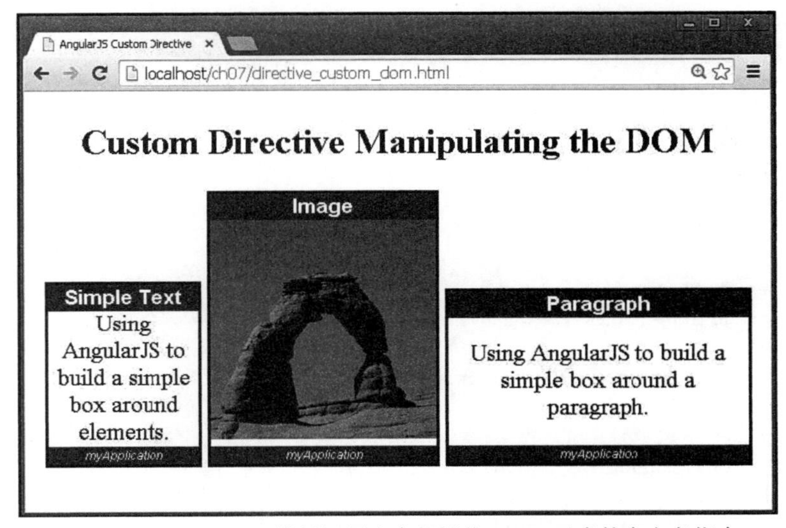

图 7-1　在 AngularJS 模板视图中实现操作 DOM 元素的自定义指令

7.2.2 在自定义视图中实现事件处理程序

自定义指令的另一个常见用法是：实现与自定义元素中发生的鼠标和键盘事件进行交互的事件处理程序。通过这种方式，可以为自定义元素提供增强的用户交互。

在本示例中，我们将添加鼠标事件处理程序，通过这种方式可以拖动图像调整大小和调整透明度。当鼠标向左拖动时，图像缩小；当鼠标向右拖动时，图像放大；当鼠标向上拖动时，图像逐渐消失；当鼠标向下拖动时，图像不透明度增加。在该示例中，我通过在AngularJS模板中加载jQuery的方式包含一个完整版本的jQuery。选择这样做的原因是为了使用它的某些功能，例如，获得图像的宽度，而这在jQuery Lite中是不可用的。

代码清单7-3中的代码实现两条指令。第一条指令名为zoomit。注意，在link函数中，该指令侦听mousedown、mouseup、mouseleave和mousemove事件。当鼠标按钮按下时，dragging变量将设置为true；当鼠标按钮松开时，默认的事件行为将被event.preventDefault()所抑制。这将避免拖曳过程中与默认浏览器行为的交互冲突。

在mousemove处理程序中，我们将判断鼠标的位置移动，并相应地增大或减小图片大小。注意，因为我们加载了完整版本的jQuery，所以可以使用width()与height()函数获得和设置图像的大小。

fadeit指令非常类似于zoomit指令，不同之处在于：图像的opacity值将改变。

代码清单7-4中的代码在AngularJS模板中实现fadeit和zoomit指令。注意，第一幅图像中添加zoomit指令，第二幅图像中添加fadeit指令，最后一幅图像中同时添加这两条指令。该示例通过这种方式展示了多条自定义指令是可以添加到相同的元素中的。图7-2显示出了最终的结果。第一幅图像由于鼠标向左拖动而缩小了，第二幅图像由于鼠标向上拖动而消隐了，第三幅图像被放大并且消隐了。

代码清单 7-3：directive_custom_zoom.js——实现注册 DOM 事件的自定义指令

```
01 angular.module('myApp', [])
02 .directive('zoomit', function() {
03   return {
04     link: function (scope, elem, attr){
05       var dragging = false;
06       var lastX = 0;
07       elem.on('mousedown', function(event){
08         lastX = event.pageX;
09         event.preventDefault();
10         dragging = true;
11       });
12       elem.on('mouseup', function(){
13         dragging = false;
14       });
15       elem.on('mouseleave', function(){
16         dragging = false;
17       });
18       elem.on('mousemove', function(event){
19         if(dragging){
20           var adjustment = null;
21           if (event.pageX > lastX &&
```

```
22              elem.width() < 300){
23            adjustment = 1.1;
24          } else if ( elem.width() > 100){
25            adjustment = .9;
26          }
27          //需要完整的 jQuery 库
28          if(adjustment){
29            elem.width(elem.width()*adjustment);
30            elem.height(elem.height()*adjustment);
31          }
32          lastX = event.pageX;
33        }
34      });
35    }
36  };
37 })
38 .directive('fadeit', function() {
39   return {
40     link: function (scope, elem, attr){
41       var dragging = false;
42       var lastY = 0;
43       elem.on('mousedown', function(event){
44         lastY = event.pageY;
45         event.preventDefault();
46         dragging = true;
47       });
48       elem.on('mouseup', function(){
49         dragging = false;
50       });
51       elem.on('mouseleave', function(){
52         dragging = false;
53       });
54       elem.on('mousemove', function(event){
55         if(dragging){
56           var adjustment = null;
57           var currentOpacity = parseFloat(elem.css("opacity"));
58           if (event.pageY > lastY &&
59               currentOpacity < 1){
60             adjustment = 1.1;
61           } else if ( currentOpacity > 0.5){
62             adjustment = .9;
63           }
64        //需要完整的 jQuery 库
65           if(adjustment){
66             elem.css("opacity", currentOpacity*adjustment);
67           }
68           lastY = event.pageY;
69         }
70       });
71     }
72   };
73 });
```

代码清单 7-4：directive_custom_zoom.html——一个使用自定义指令提供鼠标事件交互的 AngularJS 模板

```
01 <!doctype html>
02 <html ng-app="myApp">
03 <head>
04   <title>AngularJS Custom Directive</title>
05   <style>
06     img { width: 200px; }
07   </style>
08 </head>
09 <body>
10   <h2>Custom Directive Zoom and Fade</h2>
11   <img src="/images/pyramid.jpg" zoomit></img>
12   <img src="/images/pyramid.jpg" fadeit></img>
13   <img src="/images/pyramid.jpg" zoomit fadeit></img>
14   <script
➥src="http://ajax.googleapis.com/ajax/libs/jquery/1.11.1/jquery.min.js"></script>
15   <script src="http://code.angularjs.org/1.3.0/angular.min.js"></script>
16   <script src="js/directive_custom_zoom.js"></script>
17 </body>
18 </html>
```

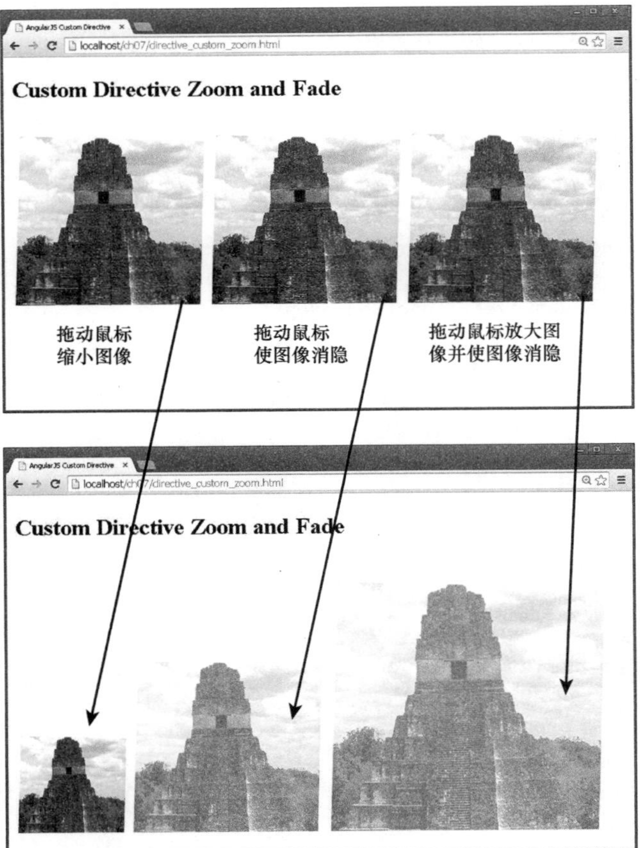

图 7-2　实现提供鼠标事件交互的自定义指令，用于操作 DOM 元素

7.2.3　实现嵌套指令

最后一个示例将演示如何相互嵌套指令，以及它们彼此之间如何进行交互。嵌套指令是一种为彼此关联的自定义元素提供父上下文和容器的好方法。在本示例中，外部指令myPhotos将作为容器包含名为myPhoto的子指令。

代码清单7-5实现两条自定义指令：myPhotos和myPhoto。myPhotos指令为myPhoto指令的容器。注意，第7～18行定义一个控制器，它将为myPhotos指令提供功能，包括addPhoto()函数。因为该代码在myPhoto指令中使用require:'^myPhotos'，所以也可以通过使用myPhotos控制器的photosControl句柄，在link()函数中调用addPhoto()方法。

代码清单7-6在AngularJS模板中实现myPhotos和myPhoto指令。myPhoto指令嵌套在myPhotos中。注意，title特性在所有的myPhoto指令上设置，并在代码清单7-5的第28行链接到作用域。

代码清单7-7实现一个由myPhotos指令加载的部分模板。它将生成一个<div>容器，然后使用myPhotos作用域中的photos数组构建绑定到select()函数的链接列表(使用ng-click)。<div ng-transclude></div>为myPhoto子元素提供容器。

代码清单 7-5：directive_custom_photos.js——实现彼此交互的自定义指令

```
01 angular.module('myApp', [])
02 .directive('myPhotos', function() {
03  return {
04    restrict: 'E',
05    transclude: true,
06    scope: {},
07    controller: function($scope) {
08      var photos = $scope.photos = [];
09      $scope.select = function(photo) {
10        angular.forEach(photos, function(photo) {
11          photo.selected = false;
12        });
13        photo.selected = true;
14      };
15      this.addPhoto = function(photo) {
16        photos.push(photo);
17      };
18    },
19    templateUrl: 'my_photos.html'
20  };
21 })
22 .directive('myPhoto', function() {
23  return {
24    require: '^myPhotos',
25    restrict: 'E',
26    transclude: true,
27    scope: { title: '@'},
28    link: function(scope, elem, attrs, photosControl) {
29      photosControl.addPhoto(scope);
```

```
30    },
31    template: '<div ng-show="selected" ng-transclude></div>'
32   };
33 });
```

代码清单 7-6：directive_custom.html——一个实现嵌套自定义指令的 AngularJS 模板

```
01 <!doctype html>
02 <html ng-app="myApp">
03 <head>
04   <title>AngularJS Custom Directive</title>
05   <style>
06     img { width: 300px }
07   </style>
08 </head>
09 <body>
10   <h2>Custom Directive Photo Flip</h2>
11    <my-photos>
12      <my-photo title="Flower">
13        <img src="/images/flower.jpg"/>
14      </my-photo>
15      <my-photo title="Arch">
16        <img src="/images/arch.jpg"/>
17      </my-photo>
18      <my-photo title="Lake">
19        <img src="/images/lake.jpg"/>
20      </my-photo>
21      <my-photo title="Bison">
22        <img src="/images/bison.jpg"/>
23      </my-photo>
24    </my-photos>
25   <script src="http://code.angularjs.org/1.3.0/angular.min.js"></script>
26   <script src="js/directive_custom_photos.js"></script>
27 </body>
28 </html>
```

代码清单 7-7：my_photos.html——一个部分 AngularJS 模板，它将为 myPhotos 自定义指令提供根元素

```
01 <div>
02   <span ng-repeat="photo in photos"
03         ng-class="{ active:photo.selected} ">
04     <a href="" ng-click="select(photo)">{{photo.title}}</a>
05   </span>
06   <div ng-transclude></div>
07 </div>
```

图7-3创建了代码清单7-5、代码清单7-6和代码清单7-7创建的网页。

图 7-3　在 AngularJS 模板视图中实现事件指令

7.3　小结

AngularJS最强大的功能之一就是创建自定义指令的功能。在代码中使用Module对象的directive()方法实现自定义指令是非常简单的。不过，指令也可以是非常复杂的，因为它们有无数种实现方式。本章讲解了AngularJS中的自定义指令可以完成的一些任务。我建议你在这些示例上多花一些时间，并尝试编写自己的自定义指令，从而尽可能地帮助自己了解它们是如何工作的。

第8章

使用事件与模型中的数据进行交互

事件是大多数AngularJS应用中最关键的组件之一。通过事件，用户可以与元素和应用进行交互，从而知道何时执行特定任务。本章将讨论AngularJS应用使用到的各种事件类型，为你提供一种视角并介绍一些新主题。

具体来讲，本章将讨论4种类型的事件，包括浏览器事件、用户交互事件、基于作用域的事件和自定义事件。之前的章节已经介绍了其中的一些事件。这里进行详细讲解的原因是：之前的章节为这里的讨论提供了视角。

8.1 浏览器事件

有几种事件是由浏览器自身触发的。在某种程度上这也是用户交互事件；不过，我希望把它们进行分开讨论。浏览器事件包括：当文档加载完成时的就绪事件以及浏览器调整大小时的调整大小事件。

它们对于帮助获得用户视图是否改变是非常有用的。你已经看到了如何使用.on()函数为事件添加处理程序；问题是应该在哪里添加处理程序。我曾到看到的最佳解决方案就是：在整个应用的运行块中注册处理程序。这样接下来的组件就可以通过作用域模型或者缓存服务获得所有相关信息。

8.2 用户交互事件

你已经看到过一些用户交互事件。这些事件包括鼠标和键盘事件以及其他事件(例如，获得焦点和失去焦点事件)。通常有两个位置可以实现用户事件的交互。一个位置是ng事件指令(如ng-click)和视图及控制器代码的简单交互。另一个添加用户事件交互的位置是自定义指令的链接函数。

在之前的章节中，你已经看到过这些方式；我希望指出的是：可以选择希望使用哪种方式。使用内置ng事件指令(如ngClick)的优点在于：不需要为简单的需求而增加复杂性(创建自定义指令)。

不过，使用ng事件指令有两个缺点。一个缺点是：你不应该在控制器中操作DOM，但可以在控制器中为ng指令定义处理程序。另一个缺点是每次需要使用该功能时都需要在模板中实现ngClick代码。例如，请考虑下面这段代码，它将在元素中添加鼠标事件处理程序：

```
<span
  ng-mouseenter="mouseEntered(event)"
  ng-mouseleave="mouseLeft(event)"
  ng-click="clicked(event)">
<span>
```

该代码不算太糟，但如果希望在多个地方使用相同的功能，该怎么办呢？如果它们都在ng-repeat块中，那么还不算太糟，但如果不是呢？一个好习惯是：如果希望在多个地方使用该功能，当然你将在多个应用中重用它，那么你应该定义一条实现处理程序的自定义指令。

8.3 添加$watches 追踪作用域变化事件

另一个常用事件不是由浏览器触发的，而是由模型中数据的改变触发的。通过这种功能可以对模型的改变做出响应，而无须在所有值可能发生变化的位置添加代码。该功能是非常有用的，因为模型中的数据通常可能会使用多种方式进行改变，用户输入、服务更新等。

8.3.1 使用$watch 追踪作用域变量

为了添加处理作用域值变化的功能，你只需要使用AngularJS中内置的$watch功能为作用域中的变量添加$watch。作用域中的$watch函数将使用下面的语法：

```
$watch(watchExpression , listener , [ objectEquality ])
```

watchExpression是将要监视的作用域中的表达式。该表达式将在所有$digest()中调用，并将返回被监视的值。侦听器定义一个在watchExpression值改变成新值时调用的函数。如果watchExpression修改为一个曾经设置过的值，那么不会调用listener。objectEquality是一个布尔值，当它为true时，使用angular.equsals()函数判断是否相等，而不是使用更严格的“==!”运算符。使用objectEquality应该小心，因为在复杂对象中，它可能会导致内存和性能开销增高。

下面的代码展示一个在作用域变量score上添加$watch的示例：

```
$scope.score = 0;
$scope.$watch('score', function(newValue, oldValue) {
  if(newValue > 10){
    $scope.status = 'win';
  }
});
```

8.3.2 使用$watchGroup 追踪多个作用域变量

AngularJS还提供使用$watchGroup方法监视表达式数组的功能。除了它的第一个参数是待监视的表达式数组之外，$watchGroup方法的工作方式与$watch相同。侦听器中将被传入一个包含被监视变量的新值和旧值的数组。例如，如果希望监视变量score和time，那么应该使用如下代码：

```
$scope.score = 0;
$scope.time = 0;
$scope.$watchGroup([ 'score', 'time'], function(newValues, oldValues) {
  if(newValues[ 0] > 10){
    $scope.status = 'win';
  } else if (newValues[ 1] > 5{
    $scope.status = 'times up';
});
```

8.3.3　使用$watchCollection 追踪作用域中对象的属性变化

也可以使用$watchCollection方法监视对象的属性。$watchCollection方法将接受一个对象作为第一个参数，并监视该对象的属性。如果传入的是数组，那么数组中的每个值都将被监视。例如：

```
$scope.scores = [ 5, 10, 15, 20] ;
$scope.$watchGroup('scores', function(newValue, oldValue) {
  $scope.newScores = newValue;
});
```

8.3.4　在控制器中实现监视

代码清单8-1和代码清单8-2中的代码演示一个实现了$watch、$watchGroup和$watchCollection方法的简单示例。代码清单8-1中的代码实现一个控制器，它将在作用域中存储myColor、hits和misses值以及一个名为myObj的对象。其中还有基于鼠标单击更新这些值的事件处理程序。然后第18～25行实现$watch、$watchGroup和$watchCollection方法，当监视的值发生改变时，它们将调整对象和changes变量。

代码清单8-2中的代码实现一个AngularJS模板，它允许用户使用鼠标选择颜色，并且递增hits和misses变量的值。目标对象和改变值将显示在底部，从而展示出$watch方法是如何检测和更新作用域的。图8-1显示了最终渲染的AngularJS Web页面。

代码清单 8-1：scope_watch.js——实现监视作用域变量值的$watch()、$watchGroup()和$watchCollection()处理程序

```
01 angular.module('myApp', [])
02 .controller('myController', function ($scope) {
03   $scope.mColors = [ 'red', 'green', 'blue'];
04   $scope.myColor = '';
05   $scope.hits = 0;
06   $scope.misses = 0;
07   $scope.changes = 0;
08   $scope.myObj = {color: '', hits: '', misses: ''};
09   $scope.setColor = function (color){
10     $scope.myColor = color;
```

```
11  };
12  $scope.hit = function (){
13    $scope.hits += 1;
14  };
15  $scope.miss = function (){
16    $scope.misses += 1;
17  };
18  $scope.$watch('myColor', function (newValue, oldValue){
19    $scope.myObj.color = newValue;
20  });
21  $scope.$watchGroup(['hits', 'misses'], function (newValue, oldValue){
22    $scope.myObj.hits = newValue[0];
23    $scope.myObj.misses = newValue[1];
24  });
25  $scope.$watchCollection('myObj', function (newValue, oldValue){
26    $scope.changes += 1;
27  });
28 });
```

代码清单 8-2: scope_watch.html——提供视图并与代码清单 8-1 中定义的作用域和控制器进行交互的 HTML 模板代码

```
01 <!doctype html>
02 <html ng-app="myApp">
03  <head>
04    <title>AngularJS Scope Variable Watch</title>
05    <style>
06    </style>
07  </head>
08  <body>
09    <h2>Watching Values in the AngularJS Scope</h2>
10    <div ng-controller="myController">
11      Select Color:
12      <span ng-repeat="mColor in mColors">
13        <span ng-style="{color: mColor}"
14              ng-click="setColor(mColor)">
15        {{mColor}}</span>
16      </span><hr>
17      <span ng-click="hit()">[+]</span>
18      Hits: {{hits}}<br>
19      <span ng-click="miss()">[+]</span>
20      misses: {{misses}}<hr>
21      Object: {{myObj|json}} <br>
22      Number of Changes: {{changes}}
23    </div>
24    <script src="http://code.angularjs.org/1.3.0/angular.min.js"></script>
25    <script src="js/scope_watch.js"></script>
26  </body>
27 </html>
```

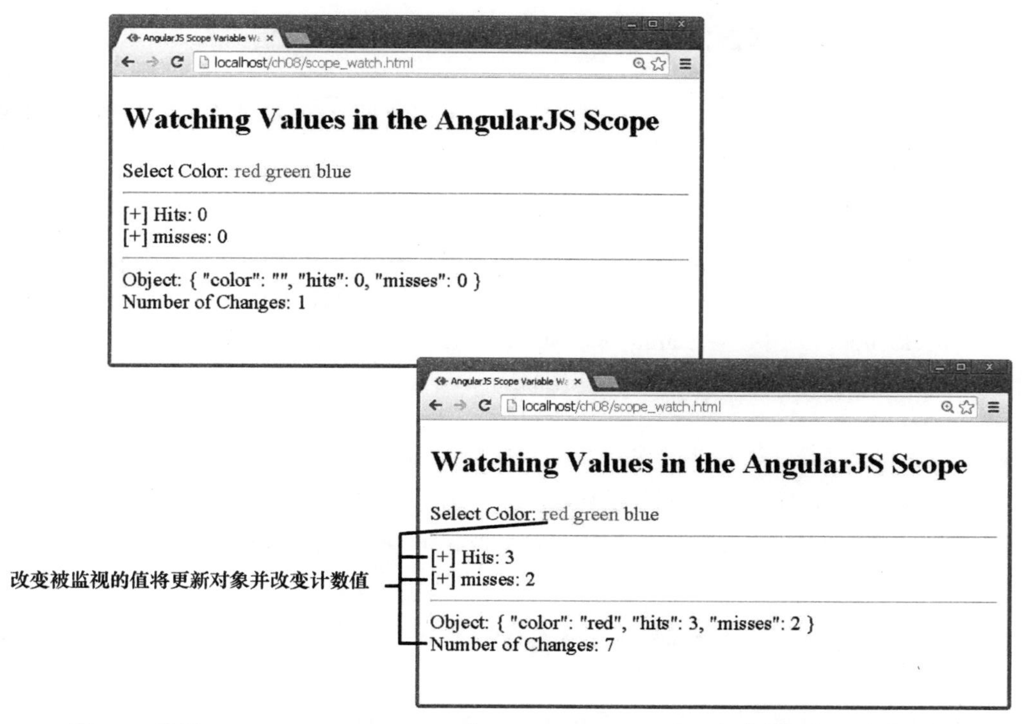

图 8-1　使用$watch()、$watchGroup() 和$watchCollection()处理程序监视作用域变量值

8.4　发出和广播自定义事件

作用域的一个重要功能是：在作用域层次结构中发出和广播事件的功能。通过事件，可以发送通知到(发生事件的)作用域中的不同级别。事件可以是你选择的任何东西，例如，值改变了或者阈值达到了。这在许多情况下都是非常有用的，例如，让子作用域知道父作用域中的某个值发生了改变，反之亦然。

8.4.1　向父作用域层次结构发出自定义事件

为了从作用域中发出事件，需要使用emit()方法。该方法将发送一个事件到父作用域层次结构。所有注册了该事件的祖先作用域都将得到通知。$emit()方法将使用下面的语法把事件传入事件处理程序函数中(name是事件名，args是0个或多个参数)：

```
scope.$emit(name , [ args , . . .])
```

8.4.2　向子作用域层次结构广播自定义事件

也可以使用$broadcast()方法将事件广播到子作用域层次结构。所有注册了该事件的子孙作用域都将得到通知。$broadcast()方法将使用下面的语法把事件传递到事件处理程序函数(name是事件名，args是0个或多个参数)：

```
scope.$broadcast(name , [ args , . . .])
```

8.4.3 使用侦听器处理自定义事件

为了处理发出或广播的事件，可以使用$on()方法。$on()方法将使用下面的语法(name是将要侦听的事件的名字)：

```
scope.$on(name, listener)
```

listener参数是一个函数，它将接受事件作为第一个参数，接受$emit()或者$broadcast()方法传递的其他所有参数作为随后的参数。event对象含有下列属性。

- **targetScope：** 从中调用$emit()或者$broadcast()的作用域。
- **currentScope：** 当前处理事件的作用域。
- **name：** 事件名称。
- **stopPropagation()：** 防止事件向作用域层次结构上方或下方继续传播的函数。
- **preventDefault()：** 阻止浏览器事件默认行为，但只执行自定义代码的函数。
- **defaultPrevented：** 布尔值。如果 event.preventDefault()已经调用了，那么它的值将为 true。

8.4.4 在嵌套控制器中实现自定义事件

代码清单8-3和代码清单8-4演示$emit()、 $broadcast()和$on()的用途，分别通过它们来发送和处理作用域层次结构中向上和向下传播的事件。在代码清单8-3中，第2～15行实现一个名为Characters的父作用域控制器，第16～32行定义一个名为Character的子作用域控制器。

另外在代码清单8-3中，changeName()函数将修改currentName值，然后广播Character-Changed事件。将在第26～28行使用$on()方法处理CharacterChanged事件，同时也会设置作用域中的currentInfo值，该值将会更新页面元素。

注意，代码清单8-3的第6行使用this关键字访问name属性。name属性实际上来自一个创建的动态子作用域，因为在代码清单8-4中下面的指令将用于生成多个元素。在作用域的changeName()方法中可以使用this关键字访问子作用域：

```
ng-repeat="name in names"
ng-click="changeName()"
```

代码清单8-3的第9～14行实现CharacterDeleted事件的一个处理程序，它将从names属性中移除name字符。第27行的子控制器将通过$broadcast()广播该事件。

代码清单8-4中的AngularJS模板代码实现嵌套的ng-controller语句，它将生成作用域层次结构，并显示字符的作用域值。该代码还包含一些非常基本的CSS样式，用于使区域看起来像按钮，并用于定位页面中的元素。图8-2显示了最终Web页面。当单击字符名称时，关于该字符的信息将会显示，当单击Delete按钮时，该字符将从按钮和Info区域中删除。

代码清单 8-3：scope_events.js——在作用域层次结构中实现$emit()和$broadcast()事件

```
01 angular.module('myApp', []).
02   controller('Characters', function($scope) {
03     $scope.names = ['Frodo', 'Aragorn', 'Legolas', 'Gimli'];
04     $scope.currentName = $scope.names[ 0];
```

```
05      $scope.changeName = function() {
06        $scope.currentName = this.name;
07        $scope.$broadcast('CharacterChanged', this.name);
08      };
09      $scope.$on('CharacterDeleted', function(event, removeName){
10        var i = $scope.names.indexOf(removeName);
11        $scope.names.splice(i, 1);
12        $scope.currentName = $scope.names[0];
13        $scope.$broadcast('CharacterChanged', $scope.currentName);
14      });
15    }).
16    controller('Character', function($scope) {
17      $scope.info = {'Frodo': { weapon: 'Sting',
18                                race: 'Hobbit'},
19                     'Aragorn': { weapon: 'Sword',
20                                  race: 'Man'},
21                     'Legolas': { weapon: 'Bow',
22                                  race: 'Elf'},
23                     'Gimli': { weapon: 'Axe',
24                                race: 'Dwarf'}};
25      $scope.currentInfo = $scope.info['Frodo'];
26      $scope.$on('CharacterChanged', function(event, newCharacter){
27        $scope.currentInfo = $scope.info[newCharacter];
28      });
29      $scope.deleteChar = function() {
30        delete $scope.info[$scope.currentName];
31        $scope.$emit('CharacterDeleted', $scope.currentName);
32      };
33    });
```

代码清单 8-4：scope_events.html——为代码清单 8-3 中控制器渲染作用域层次结构的 HTML 模板代码

```
01 <!doctype html>
02 <html ng-app="myApp">
03  <head>
04    <title>AngularJS Scope Events</title>
05    <style>
06      span{
07        padding: 3px; border: 3px ridge;
08        cursor: pointer; width: 100px; display: inline-block;
09        font: bold 18px/22px Georgia; text-align: center;
10        color: white; background-color: blue }
11      label{
12        padding: 2px; margin: 5px 10px; font: 15px bold;
13        display: inline-block; width: 50px; text-align: right; }
14      .lList {
15        vertical-align: top;
16        display: inline-block; width: 130px; }
17      .cInfo {
18        display: inline-block; width: 175px;
```

```
19          border: 3px blue ridge; padding: 3px; }
20      </style>
21    </head>
22    <body>
23      <h2>Custom Events in Nested Controllers</h2>
24      <div ng-controller="Characters">
25        <div class="lList">
26            <span ng-repeat="name in names"
27                  ng-click="changeName()">{{name}}
28            </span>
29        </div>
30        <div class="cInfo">
31            <div ng-controller="Character">
32              <label>Name: </label>{{currentName}}<br>
33              <label>Race: </label>{{currentInfo.race}}<br>
34              <label>Weapon: </label>{{currentInfo.weapon}}<br>
35              <span ng-click="deleteChar()">Delete</span>
36            </div>
37        </div>
38      </div>
39      <script src="http://code.angularjs.org/1.3.0/angular.min.js"></script>
40      <script src="js/scope_events.js"></script>
41    </body>
42  </html>
```

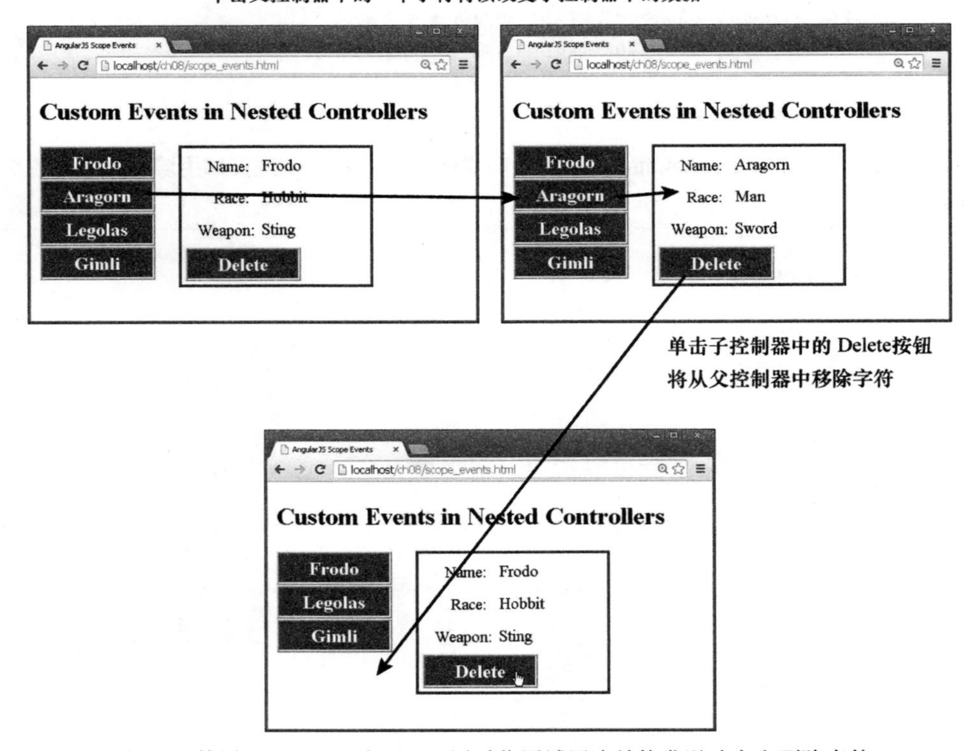

图 8-2 使用$broadcast()和$emit()通过作用域层次结构发送改变和删除事件

8.5　小结

管理事件的功能是大多数AngularJS应用中最关键的组件之一。可以在AngularJS应用中使用事件为用户提供与元素的交互，也可以让应用组件与彼此交流从而得知何时执行特定任务。本章简单讨论了浏览器和用户交互事件，以及它们是如何与整体应用架构相关联的。

下一章将讲解如何使用$watch、$watchGroup和$watchCollection方法监视作用域中的值。使用监视器允许你根据作用域值的改变做出响应，而无须在所有这些值可能发生变化的位置添加代码。

作用域组织成层次结构，根作用域定义在应用级别。控制器的每个实例也都将获得一个子作用域的实例。在本章你学习了如何在作用域中发出或广播事件，然后实现侦听这些事件并在触发它们时执行的处理程序。

第 9 章

在 Web 应用中实现 AngularJS 服务

AngularJS功能中最基本的组件之一是服务。服务为应用提供基于任务的功能。可以将服务看作执行一个或多个相关任务的一块可重用代码。AngularJS提供几个内置服务，也允许你创建自己的自定义服务。

本章将介绍AngularJS服务。你会有机会看到并实现一些内置服务。例如，用于Web服务通信的$http、用于存储和获取浏览器cookie的$cookieStore，以及提供动画功能的$animate。

9.1 了解 AngularJS 服务

AngularJS服务都是单例对象，这意味着永远只有一个实例会创建。服务的目的是提供一些执行特定任务的简洁代码。服务可以非常简单，例如，提供一个值定义，也可以非常复杂，例如，提供与Web服务器之间完整的HTTP通信。

一个为可重用功能提供容器的服务对于AngularJS是现成可用的。服务将使用AngularJS中的依赖注入进行定义和注册。这就允许你将服务注入模块、控制器和其他服务中。

> **注意：**
> 第 3 章讨论了依赖注入。在继续学习之前，如果尚未阅读该章，那么你应该阅读一下。

9.2 使用内置服务

AngularJS提供几个内置服务。这些服务都将通过依赖注入器进行自动注册，因此可以使用依赖注入轻松地将它们包含到AngularJS应用中。

表9-1描述了一些最常见的内置服务，告诉你AngularJS中有哪些可用的服务。接下来将详细讲解这些服务。

表 9-1　AngularJS 中常见的内置服务

服　务	说　明
$anchorScroll	根据 HTML5 规范定义的规则，提供滚动到$location.hash()指定的页面锚的功能
$animate	提供链接到基于 CSS 和 JavaScript 的动画的挂钩
$cacheFactory	提供在一个对象缓存中添加键/值对的功能，这样稍后其他代码组件就可以使用相同的服务获得这些键/值对
$compile	提供将 HTML 字符串或 DOM 对象编译为模板并创建模板函数(可以将作用域和模板链接在一起的)的功能
$cookies	提供浏览器 cookie 的读写访问
$document	指定一个由 jQuery 封装的对浏览器 window.document 元素的引用
$exceptionHandler	指定一个处理 AngularJS 表达式未捕捉异常的处理程序
$http	提供一种发送 HTTP 请求到 Web 服务器或者另一个服务的易用功能
$ingerpolate	将含有标记的字符串编译为一个插值函数
$interval	提供对浏览器 window.setInterval 功能的访问
$locale	提供被不同 AngularJS 组件使用的本地化规则
$location	提供与浏览器 window.location 对象交互的功能
$log	提供一个简单的日志服务
$parse	将 AngularJS 表达式字符串解析成一个 JavaScript 函数
$q	提供一个承诺/延迟实现服务
$resource	通过它可以创建一个与 RESTful 服务器端数据源交互的对象
$rootElement	提供对 AngularJS 应用中根元素的访问
$rootScope	提供对 AngularJS 应用中根作用域的访问
$route	通过监视$location.url()为控制器和视图提供深度链接 URL，并将路径映射到现有路由定义上
$routeParams	提供一个服务，通过它可以获得路由中的当前参数组
$sanitize	提供一个服务，它可以通过将 HTML 解析为标记检查输入
$sce	对于来自不信任源的数据，它提供严格的上下文转义功能
$swipe	提供一个服务，它将使实现设备滑动类型的指令更简单
$timeout	提供对浏览器 window.setTimeout 功能的访问
$window	指定一个由 jQuery 封装的对浏览器 window 元素的引用

9.2.1　使用$http 服务发送 HTTP GET 和 PUT 请求

通过$http服务，可以在AngularJS代码中直接与Web服务器进行交互。$http服务在底层将使用浏览器的XMLHttpRequest对象，但需要在AngularJS框架的上下文中使用。

$http服务有两种使用方式。最简单的方式就是使用下面这些对应HTTP请求的快捷方法：

- delete(url, [config])
- get(url, [config])
- head(url, [config])
- jsonp(url, [config])
- post(url, data, [config])
- put(url, data, [config])
- patch(url, data, [config])

1. 配置$http 请求

在这些方法中，url参数是Web请求的URL。可选的config参数是一个JavaScript对象，它指定实现请求时需要使用的选项。表9-2列出了可以在config参数中设置的属性。

也可以通过将config参数直接发送到$http(config)方法来指定请求、URL和数据。例如，下面的两行代码是完全相同的：

```
$http.get('/myUrl');
$http({ method: 'GET', url:'/myUrl'});
```

表 9-2　$http 服务请求中可以定义在 config 参数中的属性

属　性	说　明
method	一个 HTTP 方法，如 GET 或者 POST
url	正在请求的资源的 URL
params	待发送的参数。它可以是?key1=value1&key2=value2&...格式的一个字符串，或者是一个对象(此时它将被转换为一个 JSON 字符串)
data	作为请求消息数据被发送的数据。数据默认将作为 JSON 被发送到服务器
headers	请求中发送的标头。可以指定一个包含头名称的对象，作为属性发送。如果对象属性中有 null 值，那么不会发送该标头
xsrfHeaderName	使用 XSRF 标记填充的 HTTP 标头的名字
xsrfCookieName	包含 XSRF 标记的 cookie 的名字
transformRequest	用于转换/序列化请求标头和正文的函数。该函数将接受正文数据作为第一个参数和一个按名字获得标头的访问函数作为第二个参数。例如：function(data, getHeader)
transformResponse	用于转换/反序列化响应标头和正文的函数。该函数将接受正文数据作为第一个参数和一个按名字获得标头的访问函数作为第二个参数。例如，function(data, getHeader)
cache	一个布尔值。当它为 true 时，表示使用默认的$http 缓存来缓存 GET 响应；否则，如果缓存实例是使用$cacheFactory 构建的，就使用该缓存进行缓存。如果为 false，并且没有构建$cacheFactory，那么该响应不会缓存
timeout	当请求应该中止时的超时，以毫秒为单位

(续表)

属　性	说　明
withCredentials	一个布尔值，为 true 时表示 XHR 对象中设置了 withCredentials 标志
responseType	期待的响应类型，例如，json 或者文本

2. 实现$http 响应回调函数

当使用$http对象调用一个请求方法时，你将得到承诺方法success()和error()方法返回的一个对象。可以将一个回调函数传入这些方法，当请求成功或者失败时将调用该函数。这些方法接受下列参数。

- **data：** 响应数据
- **status：** 响应状态
- **header：** 响应标头
- **config：** 请求配置

下面是一个在get()请求中实现success()和error()方法的简单示例：

```
$http({ method: 'GET', url: '/myUrl'}).
  success(function(data, status, headers, config) {
     //处理成功
  }).
  error(function(data, status, headers, config) {
    //处理失败
  });
```

3. 实现一个简单的 HTTP 服务器，并使用$http 服务访问它

代码清单9-1～9-3之间的代码实现一个简单的Node.js Web服务和一个访问它的AngularJS应用。Web服务器包含一个简单的JavaScript对象，它含有货物和计数(用于模拟仓库存储)。用户可以使用Web应用告诉服务器重置存储、买卖货物。该示例非常简单，代码也易于理解，但它包含GET和POST请求以及错误处理示例。

代码清单9-1实现一个处理GET路由/reset/data和POST路由/buy/item的Node.js Web服务器。如果货物的总数为0，那么/buy/item路径将返回一个HTTP错误。开头的数行代码只创建Node.js服务器。如果不明白这是怎么回事也不用担心。initStore()函数将初始化产品和货物计数。第17行初始化GET路由/reset/data并将仓库对象作为JSON返回。第21行初始化一个POST请求。该请求将递减货物计数并返回仓库数据(通常它不需要返回所有数据，但对于这个简单的示例，这样做可以简化代码)。如果仓库缺货，那么服务器将返回一个400错误。

> **注意：**
>
> 如果在代码清单 9-1 中的 service_server.js 启动之前，通常的 server.js HTTP 服务器正在运行，就需要停止它。另外，你会希望将代码清单 9-1 中的 service_server.js 文件添加到代码清单 9-2 中 service_http.html 文件的父目录中，这样就可以保证路径能正确地匹配到 Node.js 中的静态路由。该结构应该如下所示：

```
./service_server.js
./ch09/service_http.html
./ch09/js/service_http.js
```

代码清单 9-1：service_server.js——实现一个 Express 服务器，它将为 AngularJS 控制器支持 GET 和 POST 路由

```
01 var express = require('express');
02 var bodyParser = require('body-parser');
03 var app = express();
04 app.use('/', express.static('./'));
05 app.use(bodyParser.urlencoded({ extended: true }));
06 app.use(bodyParser.json());
07 function initStore(){
08   var items = ['eggs', 'toast', 'bacon', 'juice'];
09   var storeObj = {};
10   for (var itemIDX in items){
11     storeObj[items[itemIDX]] =
12       Math.floor(Math.random() * 5 + 1);
13   }
14   return storeObj;
15 }
16 var storeItems = initStore();
17 app.get('/reset/data', function(req, res){
18   storeItems = initStore();
19   res.json(storeItems);
20 });
21 app.post('/buy/item', function(req, res){
22   if (storeItems[req.body.item] > 0){
23     storeItems[req.body.item] =
24       storeItems[req.body.item] - 1;
25     res.json(storeItems);
26   }else {
27     res.json(400, { msg: 'Sorry ' + req.body.item +
28                     ' is out of stock.' });
29   }
30 });
31 app.listen(80);
```

代码清单9-2实现AngularJS应用和控制器。注意，buyItem()方法将调用服务器上的/buy/item POST路由，然后将结果放到作用域变量$scope.storeItems中。如果出现错误，$scope.status变量将设置为错误响应对象中的msg值。resetStore()方法将调用服务器上的/reset/data GET路由，并使用成功的响应更新$scope.storeItems。

代码清单9-3实现一个包含Restock Store按钮、错误的status消息和一个仓库货物列表的AngularJS模板。图9-1显示了当购买和使用货物时，货物计数是如何进行调整的，以及当用户尝试购买缺货物品时显示的缺货错误消息。

代码清单 9-2：service_http.js——实现一个 AngularJS 控制器，它将使用$http 服务与 Web 服务器进行交互

```
01 angular.module('myApp', []).
```

```
02  controller('myController', [ '$scope', '$http',
03                           function($scope, $http) {
04    $scope.storeItems = {};
05    $scope.kitchenItems = {};
06    $scope.status = "";
07    $scope.resetStore = function(){
08      $scope.status = "";
09      $http.get('/reset/data')
10           .success(function(data, status, headers, config) {
11             $scope.storeItems = data;
12           })
13           .error(function(data, status, headers, config) {
14             $scope.status = data;
15           });
16    };
17    $scope.buyItem = function(buyItem){
18      $http.post('/buy/item', {item:buyItem})
19           .success(function(data, status, headers, config) {
20             $scope.storeItems = data;
21             if($scope.kitchenItems.hasOwnProperty(buyItem)){
22               $scope.kitchenItems[buyItem] += 1;
23             } else {
24               $scope.kitchenItems[buyItem] = 1;
25             }
26             $scope.status = "Purchased " + buyItem;
27           })
28           .error(function(data, status, headers, config) {
29             $scope.status = data.msg;
30           });
31    };
32    $scope.useItem = function(useItem){
33      if($scope.kitchenItems[useItem] > 0){
34        $scope.kitchenItems[useItem] -= 1;
35      }
36    };
37  }]);
```

代码清单 9-3：service_http.html——一个 AngularJS 模板，它实现链接到 Web 服务器数据的指令

```
01 <!doctype html>
02 <html ng-app="myApp">
03 <head>
04   <title>AngularJS $http Service</title>
05   <style>
06     span {
07       color:red; cursor: pointer; }
08     .myList {
09       display: inline-block; width: 200px;
10       vertical-align: top; }
11   </style>
```

```
12 </head>
13 <body>
14   <div ng-controller="myController">
15     <h2>GET and POST Using $http Service</h2>
16     <input type="button" ng-click="resetStore()"
17            value="Restock Store"/>
18     {{status}}
19     <hr>
20     <div class="myList">
21         <h3>The Store</h3>
22         <div ng-repeat="(item, count) in storeItems">
23           {{item}}  ({{count}})
24           [<span ng-click="buyItem(item)">buy</span>]
25         </div>
26     </div>
27     <div class="myList">
28       <h3>My Kitchen</h3>
29       <div ng-repeat="(item, count) in kitchenItems">
30         {{item}}  ({{count}})
31         [<span ng-click="useItem(item)">use</span>]
32       </div>
33     </div>
34   </div>
35   <script src="http://code.angularjs.org/1.3.0/angular.min.js"></script>
36   <script src="js/service_http.js"></script>
37 </body>
38 </html>
```

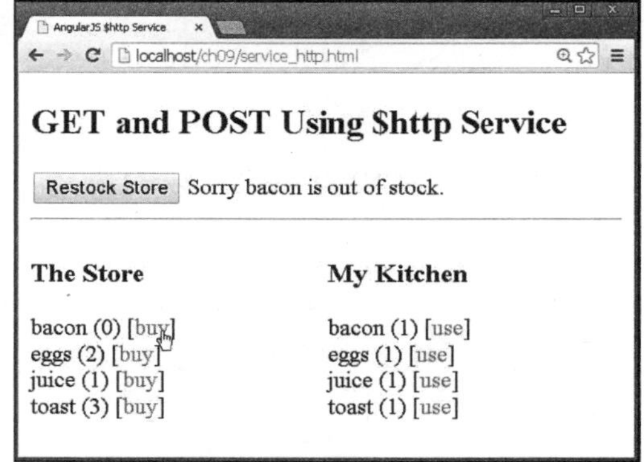

图 9-1　实现$http 服务，允许 AngularJS 控制器与 Web 服务器进行交互

9.2.2　使用$cacheFactory 服务

$cacheFactory服务为临时存储数据提供一个非常方便的仓库(采用键/值对的方式)。因为$cacheFactory是一个服务，所以它对于多个控制器和其他AngularJS组件都是可用的。

当创建$cacheFactory服务时，可以指定一个包含capacity属性的options对象，例如，{capacity: 5}。通过添加这个capacity设置，可以将缓存中元素的最大数目限制为5。当添加新元素时，最老的元素将被删除。如果未指定容量，那么缓存将继续增长。

代码清单9-4演示在Module对象中实现$cacheFactory的一个简单例子，它将从两个不同的控制器中访问缓存。

代码清单 9-4：service_cache.js——在 AngularJS 应用中实现$cacheFactory 服务

```
01 var app = angular.module('myApp', []);
02 app.factory('MyCache', function($cacheFactory) {
03   return $cacheFactory('myCache', { capacity:5});
04 });
05 app.controller('myController', [ '$scope', 'MyCache',
06                                  function($scope, cache) {
07     cache.put('myValue', 55);
08   }]);
09 app.controller('myController2', [ '$scope', 'MyCache',
10                                   function($scope, cache) {
11   $scope.value = cache.get('myValue');
12 }]);
```

9.2.3 使用$window 服务实现浏览器警告

$window服务为浏览器的window对象提供一个jQuery封装器，通过它可以如同通常在JavaScript中的访问方式一样访问window对象。为了演示这一点，下面的代码将使用window对象的alert()方法弹出一个浏览器警告。警告消息将从浏览器window对象的$window.screen.availWidth 和$window.screen.availHeight属性中获得数据：

```
var app = angular.module('myApp', []);
app.controller('myController', [ '$scope', '$window',
                                function($scope, window) {
    window.alert("Your Screen is: \n" +
        window.screen.availWidth + "X" + window.screen.availHeight);
  }]);
```

9.2.4 使用$cookieStore 服务与浏览器 cookie 交互

AngularJS提供几个获取和设置cookie的服务：$cookie和$cookieStore。cookie在浏览器中提供临时存储，并在用户离开Web页面或者关闭浏览时持久化数据。

通过$cookie服务可以使用点记号获得和设置字符串cookie值。例如，下面的代码将获得名为appCookie的cookie，并改变它的值：

```
var cookie = $cookies.appCookie;
$cookies.appCookie = 'New Value';
```

$cookieStore服务提供get()、put()和remove()函数用于获得、设置和移除cookie。$cookieStore服务的一个优秀功能是：它将在设置JavaScript对象之前把它们序列化成JSON字符串，并在获取它们时将字符串反序列化回JavaScript对象。

为了使用$cookie和$cookieStore服务，需要做3件事情。第一件：在模板中加载angular.js之后，加载application.js之前，加载angular-cookies.js库。例如：

```
<script src="http://code.angularjs.org/1.3.0/angular.min.js"></script>
<script src="http://code.angularjs.org/1.3.0/angular-cookies.min.js"></script>
```

> **注意：**
>
> 可以从 AngularJS 网站 http://code.angularjs.org/<version> /下载 angular-cookies.js 文件，这里的<version>是你正在使用的 AngularJS 的版本。可能也需要下载 angular-cookies.min.js.map 文件，这取决于你所使用的 AngularJS 版本。

第二件：将ngCookies添加到应用模块定义的必需列表中。例如：

```
var app = angular.module('myApp', [ 'ngCookies']);
```

第三件：将$cookies或者$cookieStore服务注入你的控制器中。例如：

```
app.controller('myController', [ '$scope', '$cookieStore',
                                function($scope, cookieStore) {

}]);
```

代码清单9-5和代码清单9-6演示如何使用$cookie服务获取和设置cookie。代码清单9-5在应用中加载ngCookies，并将$cookieStore注入控制器中，然后使用get()、put()和remove()方法与名为myAppCookie的cookie进行交互。

代码清单9-6实现一组单选按钮，它们将绑定到模型中的favCookie值，并在按钮值改变时使用ng-change调用setCookie()。图9-2显示出了最终Web页面。

代码清单 9-5：service_cookie.js——实现一个 AngularJS 控制器，它将使用$cookieStore 服务与浏览器 cookie 进行交互

```
01 var app = angular.module('myApp', [ 'ngCookies']);
02 app.controller('myController', [ '$scope', '$cookieStore',
03                                 function($scope, cookieStore) {
04   $scope.favCookie = '';
05   $scope.myFavCookie = '';
06   $scope.setCookie = function(){
07     if ($scope.favCookie === 'None'){
08       cookieStore.remove('myAppCookie');
09     }else{
10       cookieStore.put('myAppCookie', {flavor:$scope.favCookie});
11     }
12     $scope.myFavCookie = cookieStore.get('myAppCookie');
13   };
14 }]);
```

代码清单 9-6：service_cookie.html——一个 AngularJS 模板，它实现单选按钮来设置 cookie 值

```
01 <!doctype html>
02 <html ng-app="myApp">
03 <head>
04   <title>AngularJS $cookie Service</title>
05 </head>
06 <body>
07   <div ng-controller="myController">
08     <h3>Favorite Cookie:</h3>
```

```
09        <input type="radio" value="Chocolate Chip" ng-model="favCookie"
10              ng-change="setCookie()">Chocolate Chip</input><br>
11        <input type="radio" value="Oatmeal" ng-model="favCookie"
12              ng-change="setCookie()">Oatmeal</input><br>
13        <input type="radio" value="Frosted" ng-model="favCookie"
14              ng-change="setCookie()">Frosted</input><br>
15        <input type="radio" value="None" ng-model="favCookie"
16              ng-change="setCookie()">None</input>
17        <hr>Cookies: {{myFavCookie}}
18      </div>
19      <script src="http://code.angularjs.org/1.3.0/angular.min.js"></script>
20      <script src="http://code.angularjs.org/1.3.0/angular-cookies.min.js"></script>
21      <script src="js/service_cookie.js"></script>
22    </body>
23  </html>
```

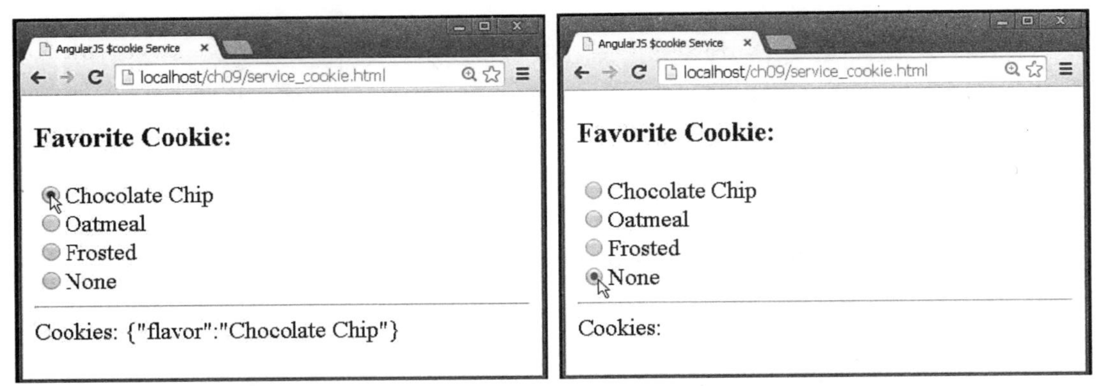

图 9-2　实现$cookieStore 服务，允许 AngularJS 控制器与浏览器 cookie 进行交互

9.2.5　使用$interval 和$timeout 服务实现定时器

通过AngularJS的$interval和$timeout服务，可以将代码延迟一段时间再执行。这些服务将与JavaScript的setInterval和setTimeout功能进行交互——但是在AngularJS框架之内。

$interval和$timeout服务将使用下面的语法：

```
$interval( callback, delay, [ count], [ invokeApply] );
$timeout( callback, delay, [ invokeApply] );
```

它们的参数描述如下所示。

- **callback：** 当延迟到期后执行的回调函数。
- **delay：** 指定一个执行回调函数之前需要等待的毫秒数。
- **count：** 表示重复间隔的次数。
- **invokeApply：** 布尔值，如果为 true 表示回调函数将只在 AngularJS 事件周期的$apply()块中执行。默认值为 true。

当调用$interval()和$timeout()方法时，它们将返回一个承诺对象，可用于取消超时或者间隔。为了取消已经存在的$interval或者$timeout，调用cancel()方法即可。例如：

```
var myInterval = $interval(function(){ $scope.seconds++;}, 1000, 10, true);
. . .
$interval.cancel(myInterval);
```

如果使用$timeout或者$interval创建超时或者间隔，那么必须在销毁scope或者elements指令时，显式地使用cancel()方法销毁它们。实现这一点最简单的方式就是：为$destroy事件添加一个侦听器。例如：

```
$scope.$on('$destroy', function(){
  $scope.cancel(myInterval);
});
```

9.2.6　使用$animate 服务

$animate服务提供动画检测挂钩，可以在执行进入、离开或者移动DOM以及addClass和removeClass操作时使用它们。 可以通过CSS类名或者(在JavaScript中)通过$animate服务使用这些挂钩。

为了实现动画，需要为希望连续变化的元素添加一条支持动画的指令。表9-3列出了支持动画的指令和它们支持的动画事件类型。

表 9-3　支持动画的 AngularJS 指令

指　令	说　明
ngRepeat	支持 enter、leave 或者 move 事件
ngView	支持 enter 和 leave 事件
ngInclude	支持 enter 和 leave 事件
ngSwitch	支持 enter 和 leave 事件
ngIf	支持 enter 和 leave 事件
ngClass	支持 addClass 和 removeClass 事件
ngShow	支持 addClass 和 removeClass 事件
ngHide	支持 addClass 和 removeClass 事件

1. 在 CSS 中实现动画

为了在CSS中实现动画，需要在希望连续变化的元素中包含ngClass指令。AngularJS将使用ngClass值作为额外CSS类(它们将在动画中添加到元素中和从元素中移除)的根名称。

定义ngClass指令的元素将会调用动画事件。表9-4列出在动画中添加和移除的额外类。

表 9-4　在动画过程中自动被添加和移除的 AngularJS 指令

类	说　明
ng-animate	当触发事件时添加
ng-animate-active	当动画开始并触发 CSS 转换时添加

(续表)

类	说　明
<super>-ng-move	当触发 move 事件时添加
<super>-ng-move-active	当移动动画启动并触发 CSS 转换时添加
<super>-ng-leave	当触发 leave 事件时添加
<super>-ng-leave-active	当离开动画启动并触发 CSS 转换时添加
<super>-ng-enter	当触发 enter 事件时添加
<super>-ng-enter-active	当进入动画启动并触发 CSS 转换时添加
<super>-ng-add	当触发 addClass 事件时添加
<super>-ng-add-active	当添加类动画启动并触发 CSS 转换时添加
<super>-ng-remove	当触发 removeClass 事件时添加
<super>-ng-remove-active	当移除类动画启动并触发 CSS 转换时添加

为了实现基于CSS的动画，所有需要做的就是为表9-4中列出的额外类添加正确的CSS转换代码。为了演示这一点，下面的脚本片段将为用户定义的.img-fade类实现添加类和移除类的转换代码，该自定义类将把图像的opacity设置为0.1并保持两秒钟时间：

```
.img-fade-add, .img-fade-remove {
  -webkit-transition:all ease 2s;
  -moz-transition:all ease 2s;
  -o-transition:all ease 2s;
  transition:all ease 2s;
}
.img-fade, .img-fade-add.img-fade-add-active {
   opacity:.1;
}
```

注意，转换代码被添加到.img-fade-add和.img-fade-remove类中，但实际的类定义应用在.img-fade上。你还需要实现类定义.img-fade-add.img-fade-add-active用于设置转换的结束状态。

2. 在 JavaScript 中实现动画

实现AngularJS CSS动画是非常简单的，但也可以在JavaScript中使用jQuery实现动画。JavaScript动画提供了对动画更加直接的控制。另外，JavaScript不要求浏览器支持CSS3。

为了在JavaScript中实现动画，需要在angular.js库加载之前，在模板中包含jQuery库。例如：

```
<script src="http://code.jquery.com/jquery-1.11.0.min.js"></script>
```

> **注意：**
> 如果希望能够使用 jQuery 动画的所有功能，那么包含完整的 jQuery 库是必需的。如果决定包含 jQuery 库，那么请保证在 HTML 代码中，它将在 AngularJS 库加载之前加载。

还需要在应用的Module对象定义中包含ngAnimate依赖。例如：

```
var app = angular.module('myApp', [ 'ngAnimate']);
```

然后就可以使用Module对象的animate()方法实现动画。animate()方法将返回一个对象，用于提供对enter、leave、move、addClass 和removeClass事件的处理程序。目标元素将作为第一个参数传入这些函数。然后可以使用jQuery的animate()方法使一个元素连续变化。

jQuery的animate()方法将使用下面的语法，其中cssProperties是CSS特性变化的一个对象，duration是一个以毫秒为单位的数值，easing是缓动方法，callback是动画结束时执行的函数：

```
animate( cssProperties, [ duration] , [ easing] , [ callback] )
```

例如，下面的代码将在元素中添加fadeClass类，通过将opacity设置为0添加动画效果：

```
app.animation('.fadeClass', function() {
  return {
    addClass : function(element, className, done) {
      jQuery(element).animate({ opacity: 0}, 3000);
    },
  };
});
```

3. 使用 AngularJS 使元素连续变化

代码清单9-7～9-9实现一个基本的动画示例，它使用JavaScript方法在一幅图像上应用淡入/淡出动画，并使用CSS转换动画使图像大小调整连续变化。

代码清单9-7包含AngularJS控制器和动画代码。注意，通过与addClass和removeClass事件挂钩，相同的类.fadeOut同时应用于淡入和淡出动画。

代码清单9-8实现支持动画的AngularJS模板。注意，第5行加载支持JavaScript动画代码的jQuery库。另外，第6行加载包含代码清单9-9所示转换动画的animate.css脚本。按钮将简单地通过添加和移除合适的类初始化动画。

代码清单9-9为add和remove类(将在动画过程中得到实现)提供必需的CSS转换定义。图9-3显示了最终结果。

代码清单 9-7：service_animate.js——实现一个 AngularJS 控制器，它使用$animation 服务实现 jQuery 动画

```
01 var app = angular.module('myApp', [ 'ngAnimate']);
02 app.controller('myController', function($scope ) {
03  $scope.myImgClass = 'start-class';
04  });
05 app.animation('.fadeOut', function() {
06  return {
07    enter : function(element, parentElement, afterElement, doneCallback) {},
08    leave : function(element, doneCallback) {},
09    move : function(element, parentElement, afterElement, doneCallback) {},
10    addClass : function(element, className, done) {
11      jQuery(element).animate({ opacity: 0}, 3000);
```

```
12     },
13     removeClass : function(element, className, done) {
14       jQuery(element).animate({ opacity: 1}, 3000);
15     }
16   };
17 });
```

代码清单 9-8：service_animate.html——一个 AngularJS 模板，实现通过改变图像上的类来使淡入淡出和调整大小连续变化的按钮

```
01 <!doctype html>
02 <html ng-app="myApp">
03 <head>
04   <title>AngularJS $animate Service</title>
05   <link rel="stylesheet" href="css/animate.css">
06 </head>
07 <body>
08   <div ng-controller="myController">
09     <h3>AngularJS Image Animation:</h3>
10     <input type="button"
11           ng-click="myImgClass='fadeOut'" value="Fade Out"/>
12     <input type="button"
13           ng-click="myImgClass=''" value="Fade In"/>
14     <input type="button"
15           ng-click="myImgClass='shrink'" value="Small"/>
16     <input type="button"
17           ng-click="myImgClass='grow'" value="Big"/>
18     <hr>
19     <img ng-class="myImgClass" src="/images/canyon.jpg" />
20   </div>
21   <script src="http://code.jquery.com/jquery-1.11.0.min.js"></script>
22   <script src="http://code.angularjs.org/1.3.0/angular.min.js"></script>
23   <script
➥src="http://code.angularjs.org/1.3.0/angular-animate.min.js"></script>
24   <script src="js/service_animate.js"></script>
25 </body>
26 </html>
```

> **注意：**
>
> 可以从 AngularJS 网站 http://code.angularjs.org/<version> /下载 angular-animate.js 文件，这里的<version>是你正在使用的 AngularJS 的版本。可能也需要下载 angular-animate.min.js.map 文件，这取决于你所使用的 AngularJS 版本。

代码清单 9-9：animate.css——为 AngularJS 动画代码的各种类场景提供转换效果的 CSS 代码

```
01 .shrink-add, .grow-add {
02   -webkit-transition:all ease 2.5s;
03   -moz-transition:all ease 2.5s;
04   -o-transition:all ease 2.5s;
05   transition:all ease 2.5s;
```

```
06 }
07 .shrink,
08 .shrink-add.shrink-add-active {
09  width:100px;
10 }
11 .start-class,
12 .grow,
13 .grow-add.grow-add-active {
14  width:400px;
15 }
```

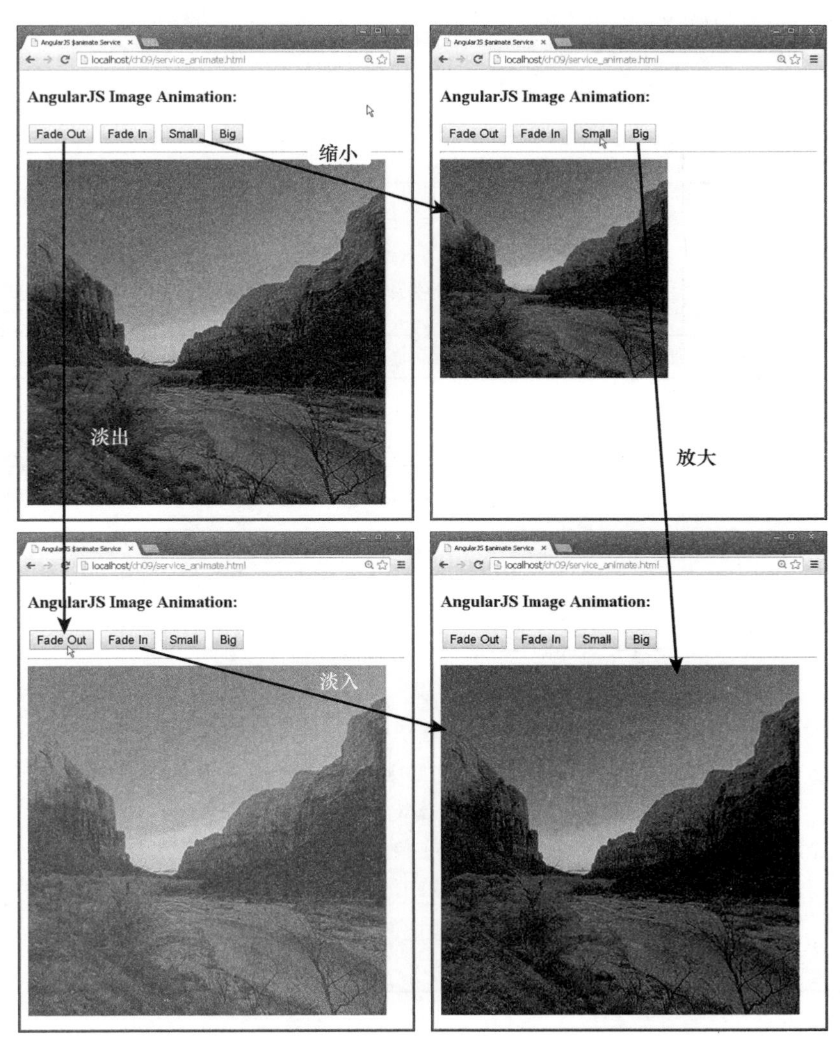

图 9-3　同时在 CSS 和 JavaScript 中实现$animation 服务，使图像淡入淡出和调整大小连续变化

9.2.7　使用$location 服务

$location服务提供JavaScript window.location对象的封装器。通过它可以在AngularJS应用中访问URL。不仅可以获得URL的信息，还可以修改它，使用新的URL或者特定散列标记的

导航改变位置。

为了在控制器或者服务中添加$location服务，只需要使用标准的依赖注入方法将它注入即可。例如：

```
app.controller('myController', [ '$scope', '$location',
                                 function($scope, location) {
    . . .
  }]);
```

表9-5列出了可以在$location服务中调用的方法，并说明了它们的实现。

表 9-5　AngularJS $location 服务对象的可用方法

方　法	说　明
absUrl()	返回传给浏览器的完整 URL

url([url])	如果未传入参数，那么返回传入浏览器的 URL，例如：
	`location.url()`
	在 url()方法中添加 url 参数将会设置当前位置的相对 URL。例如：
	`location.url("/new/path?new=query")`

protocol()	返回当前 URL 中使用的协议
host()	返回当前 URL 中使用的主机
port()	返回当前 URL 中使用的端口

path([path])	如果未传入参数，那么返回当前 URL 中使用的协议，例如：
	`location.path()`
	在 path()方法中添加 path 参数将会设置当前位置的相对路径。例如：
	`location.path("/new/path ")`

search([*search*], [paramValue])	如果 search()函数中未传入 search 或者 paramValue 参数，那么返回一个 JavaScript 对象，其中包含作为 URL 一部分传入的查询参数，例如：
	`location.search()`
	如果传入 search 和 paramValue 参数，那么 URL 中由 search 命名的参数值将修改为 paramValue 指定的值。例如：
	`location.search("param1", "newValue")`

hash()	返回当前 URL 中使用的散列标记
replace()	当在$location服务对象上调用该方法时，接下来位置的所有变动都将替换历史记录而不是添加新记录

代码清单9-10和代码清单9-11中的代码实现一个简单的示例，它将使用$location服务访问和修改传递给浏览器的ULR中的元素。代码清单9-10中的代码实现一个含有$location服务的控制器。updateLocationInfo()函数将从$location服务中获得url 、absUrl、host 、protocol、path、search和hash等值。changePath()、changeHash()和changeSearch()函数将修改位置中的路径、散列和搜索值，然后使用新值更新作用域。

代码清单9-11中的代码实现一个AngularJS模板，该模板将显示捕捉到的$location服务信息，并提供链接修改path、hash 和search值。图9-4显示了一个实际运行的Web页面。注意，当单击链接时，path、hash和search值都将改变。

代码清单 9-10：service_location.js——一个 AngularJS 应用，它实现一个控制器，从$location 服务中收集信息，并提供修改 path、hash 和 search 等值的函数

```
01 var app = angular.module('myApp', []);
02 app.controller('myController', [ '$scope', '$location',
03                               function($scope, location) {
04   $scope.updateLocationInfo = function() {
05     $scope.url = location.url();
06     $scope.absUrl = location.absUrl();
07     $scope.host = location.host();
08     $scope.port = location.port();
09     $scope.protocol = location.protocol();
10     $scope.path = location.path();
11     $scope.search = location.search();
12     $scope.hash = location.hash();
13   };
14   $scope.changePath = function(){
15     location.path("/new/path");
16     $scope.updateLocationInfo();
17   };
18   $scope.changeHash = function(){
19     location.hash("newHash");
20     $scope.updateLocationInfo();
21   };
22   $scope.changeSearch = function(){
23     location.search("p1", "newA");
24     $scope.updateLocationInfo();
25   };
26   $scope.updateLocationInfo();
27 }]);
```

代码清单 9-11：service_location.html——一个 AngularJS 模板，它将显示从$location 服务中收集到的信息，并提供修改 path、hash 和 search 等值的链接

```
01 <!doctype html>
02 <html ng-app="myApp">
03 <head>
04   <title>AngularJS $location Service</title>
05   <style>
06     span {
07       color: red; text-decoration: underline;
08       cursor: pointer; }
09   </style>
10 </head>
11 <body>
12   <div ng-controller="myController">
13     <h3>Location Service:</h3>
14     [<span ng-click="changePath()">Change Path</span>]
```

```
15     [<span ng-click="changeHash()">Change Hash</span>]
16     [<span ng-click="changeSearch()">Change Search</span>]
17     <hr>
18     <h4>URL Info</h4>
19     url: {{url}}<br>
20     absUrl: {{absUrl}}<br>
21     host: {{host}}<br>
22     port: {{port}}<br>
23     protocol: {{protocol}}<br>
24     path: {{path}}<br>
25     search: {{search}}<br>
26     hash: {{hash}}<br>
27   </div>
28   <script src="http://code.angularjs.org/1.3.0/angular.min.js"></script>
29   <script src="js/service_location.js"></script>
30 </body>
31 </html>
```

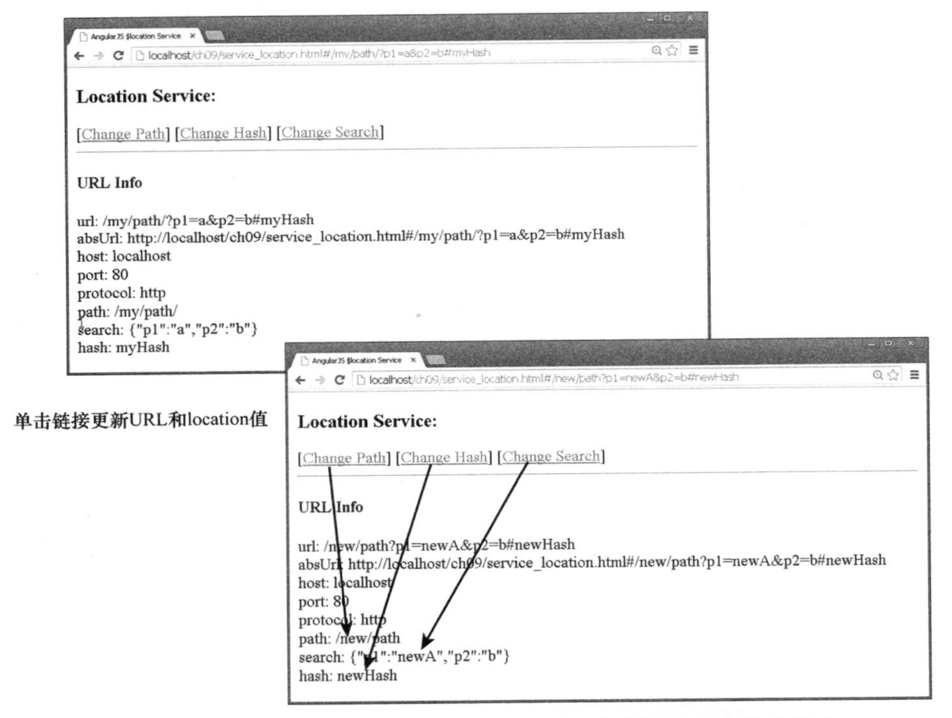

图 9-4 在 AngularJS 应用中实现$location 服务，与浏览器位置进行交互

9.3 使用$q 服务提供延迟响应

AngularJS提供的一项极其有用的服务是$q服务。该服务是一个承诺/延迟响应实现。因为并不是所有的服务都可以立即响应请求，所以有时就需要使用延迟响应，直到服务做好响应准备。这就是$q服务的由来。它的概念是：可以发出请求，并得到一个目标服务将会做出响应的承诺，而不是直接得到响应。然后请求应用可以分配一个回调函数，用于在延迟请求

完成时(成功或失败)执行。

为了使用$q服务创建延迟响应，首先需要使用下面的语法创建一个延迟对象：

```
var deferred = $q.defer();
```

得到延迟对象之后，可以访问promise特性返回一个承诺。例如，下面的代码将返回一个承诺给主调应用：

```
function makeDeferredRequest(){
  var deferred = $q.defer();
  return deferred.promise;
}
```

然后请求应用将调用promise对象的then()方法，使用下面的语法注册successCallback、errorCallback和notifyCallback函数：

```
promise.then(successCallback, [ errorCallback] , [ notifyCallback] )
```

下面的代码展示一个then()函数的示例实现：

```
var promise = makeDeferredRequest();
promise.then(
  function successCallback(value){
    //handle success
  },
  function errorCallback(value){
    //handle error
  },
  function notifyCallback(value){
    //handle notify
  },
```

在延迟服务这边可以使用表9-6描述的方法通知请求应用请求的状态。

表 9-6　$q 服务中延迟对象的可用方法

服　务	说　明
$resolve(value)	在承诺对象上执行 successCallback 函数，并将指定的 value 传递给它
$reject(reason)	在承诺对象上执行 errorCallback 函数，并将指定的 reason 传递给它
$notify(value)	在承诺对象上执行 notifyCallback 函数，并将指定的 value 传递给它

10.2.3一节将展示一个优秀的示例，它将使用$q服务处理远程数据库请求的延迟响应。

9.4　小结

AngularJS服务是可以使用依赖注入器注册的单例对象；控制器和其他AngularJS组件(包括其他服务)都可以使用它们。AngularJS以服务的方式提供许多后端功能，如$http，通过它可以轻松在AngularJS应用中集成Web服务器通信。

本章还讲解了几个内置服务，如$cookieStore、$q、$window、$location、$animate和$cacheFactory。通过使用这些和其他AngularJS服务，我们可以轻松地将功能注入控制器、指令和自定义服务中。

第10章

创建自定义 AngularJS 服务

AngularJS在内置服务中提供大量功能；不过，你也会需要实现自己的服务，提供自己特有的功能。如果需要为应用提供基于任务的功能，就应该实现一个自定义服务。

在实现自定义服务时，需要将服务看作用于执行一个或多个相关任务的一块可重用代码。然后可以设计并将它们分组到自定义模块中，这样它们就可以轻松地被几个不同的AngularJS应用所使用。

本章将介绍AngularJS自定义服务。然后本章将提供几个AngularJS服务实现示例，帮助你更好地理解如何设计和构建自己的服务。

10.1　了解自定义 AngularJS 服务

AngularJS允许你创建自己的自定义服务，从而在需要它的AngularJS组件中提供功能。如你在之前章节中看到的，内置AngularJS服务为AngularJS应用提供各种各样的功能。通过使用自定义服务，可以使用许多方式定制、增强和扩展这些功能。

在你的代码中你可能会实现的服务类型主要有4种：value、constant、factory和service。接下来的小节将会对这些服务进行详细讲解。

10.1.1　定义 value 服务

可以使用非常简单的value服务定义单个值，并将它作为服务提供者注入。value方法将使用下面的语法，name是服务名称，object是你希望提供的任何JavaScript对象：

```
value(name, object)
```

例如：

```
var app = angular.module('myApp', []);
app.value('myValue', {color:'blue', value:'17'});
```

10.1.2 定义 constant 服务

constant服务基本上与value服务相同，除了一点：constant服务在构建Module对象的配置阶段是可用的，而value服务不是。constant方法将使用下面的语法，name是服务名称，object是你希望提供的任何JavaScript对象：

```
constant(name, object)
```

例如：

```
var app = angular.module('myApp', []);
app.constant('myConst', "Constant String");
```

10.1.3 使用工厂提供者构建 factory 服务

factory方法提供在服务中实现功能的功能。它可以被其他服务提供者所依赖，从而帮助你划分代码。factory方法将使用下面的语法，name是服务名称，factoryProvider是构建工厂服务的提供者函数：

```
factory(name, factoryProvider)
```

可以在factory方法中注入其他服务，它将返回具有适当功能的服务对象。该功能可以是一个非常复杂的JavaScript服务、一个值或者一个简单的函数。例如，下面的代码实现一个工厂服务，该服务将返回一个将两数相加的函数：

```
var app = angular.module('myApp', []);
app.constant('myConst', 10);
app.factory('multiplier', [ 'myConst', function (myConst) {
  return function(value) { return value + myConst; };
}]);
```

10.1.4 使用对象定义 service 服务

service方法提供在服务器中实现功能的功能。不过，service方法的工作方式与factory方法稍有不同。service方法接受一个构造函数作为第二个参数，并使用它创建对象的一个新实例。service方法将使用下面的语法，name是服务名称，constructor是一个构造函数：

```
service(name, constructor)
```

service方法也可以接受依赖注入。下面的代码实现一个基本的service方法，它提供一个add()函数和一个multiply()函数。

```
var app = angular.module('myApp', []);
app.constant('myConst', 10);
function ConstMathObj(myConst) {
  this.add = function(value){ return value + myConst; };
  this.multiply = function(value){ return value * myConst; };
}
app.service('constMath', [ 'myConst', ConstMathObj] );
```

注意，ConstMathObj构造函数将先创建，然后service()方法将调用它，并使用依赖注入插入myConst服务。

10.2　在 AngularJS 应用中集成自定义服务

当开始为自己的应用实现AngularJS服务时，你会发现某些服务是非常简单的，而另一些服务会变得非常复杂。服务的复杂性通常反映基本数据和它所提供的功能的复杂性。本节旨在为你提供一些不同类型自定义服务的示例，从而演示它们是如何实现以及如何使用的。

接下来的每个小节都包含一个示例，用于演示自定义服务的不同方面。第一小节展示如何实现不同类型的服务。第二小节展示服务的可重用性。第三小节展示一个不同的服务交互。

10.2.1　实现使用所有 4 种类型服务的简单应用

在本示例中，你将构造constant、value、factory和service服务。它旨在演示每种服务是如何实现的，以及在应用中使用多种类型服务的方式。

代码清单10-1中的代码展示一个将value、constant、factory和service服务集成到单个模块中的示例。该示例非常简单和易于理解。注意，把censorWords和repString注入factory和service服务中，并在factory和service定义中使用。

第4～13行实现一个factory服务，它将返回一个删减字符串的函数。注意，第26行直接调用factory服务对字符串进行删减。

第14～25行通过定义CensorObj对象构造函数实现一个service服务，第26行将该服务注册到应用中。CensorObj定义两个函数：censor()和censoredWords()，censored()将删减字符串中的单词，而censoredWords()将返回被删减的单词。

在第27行和第28行中，把censeorS和censorF服务注入控制器中。然后控制器可以在第34行直接调用censorF()和在第35行调用censorS.censor()来使用自定义服务。

代码清单10-2中的代码实现一个AngularJS模板，该模板显示被删减的单词，并提供一个文本输入用于输入词组。该词组将显示两次，一次被censorF删减，一次被censorS删减。图10-1显示了实际运行的AngularJS应用。

代码清单 10-1：service_custom_censor.js——在一个 AngularJS 控制器中实现和使用多个自定义服务

```
01 var app = angular.module('myApp', []);
02 app.value('censorWords', ["can't", "quit", "fail"]);
03 app.constant('repString', "****");
04 app.factory('censorF', ['censorWords', 'repString',
05                         function (cWords, repString) {
06  return function(inString) {
07    var outString = inString;
08    for(i in cWords){
09      outString = outString.replace(cWords[i], repString);
10    }
11    return outString;
12  };
```

```
13 }]);
14 function CensorObj(cWords, repString) {
15   this.censor = function(inString){
16     var outString = inString;
17     for(i in cWords){
18       outString = outString.replace(cWords[ i] , repString);
19     }
20     return outString;
21   };
22   this.censoredWords = function(){
23     return cWords;
24   };
25 }
26 app.service('censorS', [ 'censorWords', 'repString', CensorObj] );
27 app.controller('myController', [ '$scope', 'censorF', 'censorS',
28                                function($scope, censorF, censorS) {
29   $scope.censoredWords = censorS.censoredWords();
30   $scope.inPhrase = "";
31   $scope.censoredByFactory = censorF("");
32   $scope.censoredByService = censorS.censor("");;
33   $scope.$watch('inPhrase', function(newValue, oldValue){
34     $scope.censoredByFactory = censorF(newValue);
35     $scope.censoredByService = censorS.censor(newValue);
36   });
37 }]);
```

代码清单 10-2：service_custom_sensor.html——一个 AngularJS 模板，它将演示一个 AngularJS 控制器中多个自定义服务的交互

```
01 <!doctype html>
02 <html ng-app="myApp">
03 <head>
04   <title>AngularJS Custom Censor Service</title>
05   <style>
06     p { color: red; margin-left: 15px; }
07     input { width: 250px; }
08   </style>
09 </head>
10 <body>
11   <div ng-controller="myController">
12     <h3>Custom Censor Service:</h3>
13     Censored Words:<br>
14     <p>{{censoredWords|json}}</p>
15     <hr>
16     Enter Phrase:<br>
17     <input type="text" ng-model="inPhrase" /><hr>
18     Filtered by Factory:
19     <p>{{censoredByFactory}}</p>
20     Filtered by Service:
21     <p>{{censoredByService}}</p>
22   </div>
```

```
23   <script src="http://code.angularjs.org/1.3.0/angular.min.js"></script>
24   <script src="js/service_custom_censor.js"></script>
25 </body>
26 </html>
```

图 10-1　在 AngularJS 控制器中使用多个自定义服务删减词组中的单词

10.2.2　实现简单的时间服务

在本示例中你将构建一个简单的时间服务，该服务将为不同的城市生成一个本地时间对象。然后在AngularJS模板中，就可以在多个控制器中使用该时间服务。它旨在演示重用一个AngularJS服务是多么简单。

代码清单10-3中的代码使用函数TimeObj()实现一个名为TimeService的自定义服务，用于生成服务对象。TimeObj中的代码只定义一个含有时区偏差的城市列表，并提供函数getTZDate()，用于返回特定城市的JavaScript日期对象。getCities()函数创建一个表示城市的数组并返回它。

注意，应用中添加了几个控制器，包括LAController、NYController、LondonController

和TimeController。这些控制器都将注入TimeService服务，并使用它设置一个城市的当前时间，对于TimeController，它将设置所有城市的当前时间。

代码清单10-4中的代码实现一个AngularJS模板，它将为LAController、NYController、LondonController和TimeController控制器显示时间。对于TimeController，所有时间都将使用ng-repeat显示在表格中。

图10-2显示了最终的AngularJS应用Web页面。注意不同时间代表的含义。

代码清单 10-3：service_custom_time.js——在多个控制器中实现和使用一个自定义 AngularJS 服务

```
01 var app = angular.module('myApp', []);
02 function TimeObj() {
03   var cities = { 'Los Angeles': -8,
04                  'New York': -5,
05                  'London': 0,
06                  'Paris': 1,
07                  'Tokyo': 9 };
08   this.getTZDate = function(city){
09     var localDate = new Date();
10     var utcTime = localDate.getTime() +
11                   localDate.getTimezoneOffset() *
12                   60*1000;
13     return new Date(utcTime +
14                     (60*60*1000 *
15                      cities[city]));
16   };
17   this.getCities = function(){
18     var cList = [];
19     for (var key in cities){
20       cList.push(key);
21     }
22     return cList;
23   };
24 }
25 app.service('TimeService', [TimeObj]);
26 app.controller('LAController', ['$scope', 'TimeService',
27                                 function($scope, timeS) {
28   $scope.myTime = timeS.getTZDate("Los Angeles").toLocaleTimeString();
29 }]);
30 app.controller('NYController', ['$scope', 'TimeService',
31                                 function($scope, timeS) {
32   $scope.myTime = timeS.getTZDate("New York").toLocaleTimeString();
33 }]);
34 app.controller('LondonController', ['$scope', 'TimeService',
35                                     function($scope, timeS) {
36   $scope.myTime = timeS.getTZDate("London").toLocaleTimeString();
37 }]);
38 app.controller('TimeController', ['$scope', 'TimeService',
39                                   function($scope, timeS) {
```

```
40   $scope.cities = timeS.getCities();
41   $scope.getTime = function(cityName){
42     return timeS.getTZDate(cityName).toLocaleTimeString();
43   };
44 }]);
```

代码清单10-4：service_custom_time.html——AngularJS 模板，演示如何在多个控制器中注入一个自定义 AngularJS 服务

```
01 <!doctype html>
02 <html ng-app="myApp">
03 <head>
04   <title>AngularJS Custom Time Service</title>
05   <style>
06     span {
07       color: lightgreen; background-color: black;
08       border: 3px ridge; padding: 2px;
09       font: 14px/18px arial, serif; }
10   </style>
11 </head>
12 <body>
13   <h2>Custom Time Service:</h2><hr>
14   <div ng-controller="LAController">
15     Los Angeles Time:
16     <span>{{myTime}}</span>
17   </div><hr>
18   <div ng-controller="NYController">
19     New York Time:
20     <span>{{myTime}}</span>
21   </div><hr>
22   <div ng-controller="LondonController">
23     London Time:
24     <span>{{myTime}}</span>
25   </div><hr>
26   <div ng-controller="TimeController">
27     All Times:
28     <table>
29     <tr>
30         <th ng-repeat="city in cities">
31           {{city}}
32         </th>
33     </tr>
34     <tr>
35         <td ng-repeat="city in cities">
36           <span>{{getTime(city)}}</span>
37         </td>
38     </tr>
39     </table>
40   </div><hr>
41   <script src="http://code.angularjs.org/1.3.0/angular.min.js"></script>
42   <script src="js/service_custom_time.js"></script>
```

```
43 </body>
44 </html>
```

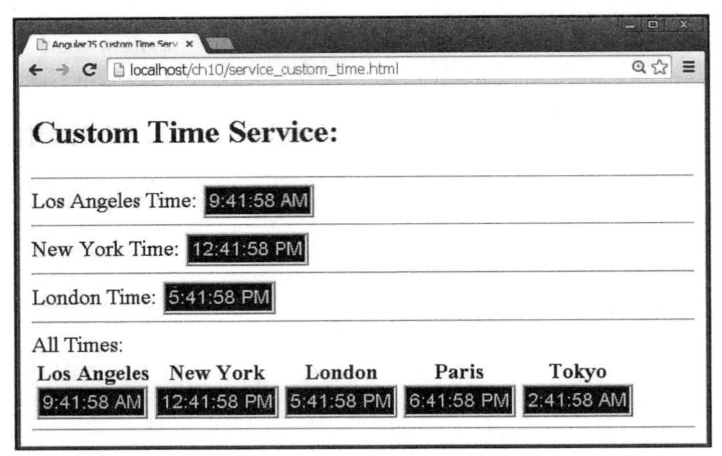

图 10-2　在多个控制器中使用同一个自定义 AngularJS 服务，为不同的城市显示当前时间

10.2.3　实现数据库访问服务

在本示例中你将构建一个中间数据库访问服务，该服务将使用$http服务连接到简单的Node.js服务器(作为服务器端的数据库服务)。本练习旨在演示内置服务和自定义服务的使用。这也是一个使用$q服务的范例。

代码清单10-5实现一个Node.js Web服务器，它将处理下面的GET和POST路由，用于获得和设置用户对象以及一个表数据数组，通过这种方式来模拟远程数据服务的请求。

- **/get/user：**一个返回 JSON 版本用户对象的 GET 路由。
- **/get/data：**一个返回 JSON 版本表数据数组的 GET 路由。
- **/set/user：**一个 POST 路由，它将接受请求正文中的一个用户对象，并在服务器上更新该对象以模拟用户对象存储。
- **/set/data：**一个 POST 路由，它将接受请求正文中的一个对象数组，并在服务器上更新该对象以模拟数据库数据存储。通常，你永远也不需要一次性存储所有表数据，但出于简单性，本示例才提供了这个路由。

你不需要对代码清单10-5中代码花费太多精力，而是应该了解它所提供的路由，这样你才可以明白代码清单10-6、代码清单10-7和代码清单10-8中定义的AngularJS应用是如何交互的。这个服务器非常简单，不处理错误，只是动态地生成数据来模拟数据库。

> **注意：**
>
> 如果代码清单 10-5 中的 service_server.js 启动之前，通常的 server.js HTTP 服务器正在运行，就需要关闭该服务器。另外，你会希望将代码清单 10-5 中的 service_db_server.js 文件添加到代码清单 10-6 中 service_db_access.html 的父文件夹中，从而使路径可以正确地匹配到 Node.js 的静态路由。该结构应该如下所示：
>
> ```
> ./service_db_server.js
> ./ch10/service_custom_db.html
> ```

./ch09/js/service_custom_db_access.js

./ch09/js/service_custom_db.js

代码清单 10-5：service_db_server.js——实现一个 Node.js Express 服务器，它将支持 GET 和 POST 路由，用于模拟 AngularJS 控制器的数据库服务

```
01 var express = require('express');
02 var bodyParser = require('body-parser');
03 var app = express();
04 app.use('/', express.static('./'));
05 app.use(bodyParser.urlencoded({ extended: true }));
06 app.use(bodyParser.json());
07 var user = {
08             first: 'Christopher',
09             last: 'Columbus',
10             username: 'cc1492',
11             title: 'Admiral',
12             home: 'Genoa'
13           };
14 var data = [];
15 function r(min, max){
16   var n = Math.floor(Math.random() * (max - min + 1)) + min;
17   if (n<10){ return '0' + n; }
18   else { return n; }
19 }
20 function p(start, end, total, current){
21   return Math.floor((end-start)*(current/total)) + start;
22 }
23 function d(plusDays){
24   var start = new Date(1492, 7, 3);
25   var current = new Date(1492, 7, 3);
26   current.setDate(start.getDate()+plusDays);
27   return current.toDateString();
28 }
29 function makeData(){
30   var t = 70;
31   for (var x=0; x < t; x++){
32     var entry = {
33       day: d(x),
34       time: r(0, 23) + ':' + r(0, 59),
35       longitude: p(37, 25, t, x) + '\u00B0 '+ r(0,59) + ' N',
36       latitude: p(6, 77, t, x) + '\u00B0 '+ r(0,59) + ' W'
37     };
38     data.push(entry);
39   }
40 }
41 makeData();
42 app.get('/get/user', function(req, res){
43   res.json(user);
44 });
```

```
45 app.get('/get/data', function(req, res){
46   res.json(data);
47 });
48 app.post('/set/user', function(req, res){
49   console.log(req.body.userData);
50   user = req.body.userData;
51   res.json({ data: user, status: "User Updated." });
52 });
53 app.post('/set/data', function(req, res){
54   data = req.body.data;
55   res.json({ data: data, status: "Data Updated." });
56 });
57 app.listen(80);
```

代码清单10-6中的代码实现一个名为dbAccess的模块和一个名为DBService的自定义服务。创建服务对象的DBAccessObj()函数提供getUserData()和updateUser()方法，用于通过$http请求在服务器中获取和更新用户对象。getData()和UpdateData()方法为表数据提供了相似的功能。注意如何使用$q服务延迟$http请求的响应，因为该请求不会立即返回。

代码清单10-7中的代码实现一个应用模块。注意，把第1行中的dbAccess模块注入myApp模块中，用于提供对DBService服务的访问。把第2行中的DBService注入控制器中，然后第6行、第12行、第18行和第23行使用它从服务器访问和设置数据，并将数据赋给作用域中的$scope.userInfo和$scope.data值。注意如何使用$q服务的then()函数处理延迟响应。出于简单性，只有successCallback函数实现了。通常你也会希望实现errorCallback函数。

代码清单10-8中的代码实现一个AngularJS模板，它将在文本输入中显示用户信息，并将值直接绑定到作用域。另外还有两个输入按钮分别调用updateUser()方法更新服务器上的用户信息和getUser()从服务器刷新作用域数据。类似地，还有两个输入按钮将调用updateData()和getData()分别用于从模型中更新和刷新表数据。

图10-3显示了渲染后的AngularJS Web应用是如何工作的。当单击Update User或者Update Data按钮时，服务器上的值将会改变。这意味着可以重新加载Web页面，甚至退出浏览器再打开，页面中的值将仍然是更新后的版本。

代码清单10-6：service_custom_db_access.js——实现一个自定义 AngularJS 服务，它将使用$http 和$q 服务提供与服务器上存储数据的交互

```
01 var app = angular.module('dbAccess', []);
02 function DBAccessObj($http, $q) {
03   this.getUserData = function(){
04     var deferred = $q.defer();
05     $http.get('/get/user')
06     .success(function(response, status, headers, config) {
07       deferred.resolve(response);
08     });
09     return deferred.promise;
10   };
11   this.updateUser = function(userInfo){
12     var deferred = $q.defer();
```

```
13     $http.post('/set/user', { userData: userInfo} ).
14     success(function(response, status, headers, config) {
15       deferred.resolve(response);
16     });
17     return deferred.promise;
18   };
19   this.getData = function(){
20     var deferred = $q.defer();
21     $http.get('/get/data')
22     .success(function(response, status, headers, config) {
23       deferred.resolve(response);
24     });
25     return deferred.promise;
26   };
27   this.updateData = function(data){
28     var deferred = $q.defer();
29     $http.post('/set/data', { data: data} ).
30     success(function(response, status, headers, config) {
31       deferred.resolve(response);
32     });
33     return deferred.promise;
34   };
35 }
36 app.service('DBService', [ '$http', '$q', DBAccessObj] );
```

代码清单 10-7：service_custom_db.js——实现一个 AngularJS 应用，它将注入代码清单 10-6 中的模块和服务，使用数据库访问服务

```
01 var app = angular.module('myApp', [ 'dbAccess'] );
02 app.controller('myController', [ '$scope', 'DBService',
03                                 function($scope, db) {
04   $scope.status = "";
05   $scope.getUser = function(){
06     db.getUserData().then(function(response){
07       $scope.userInfo = response;
08       $scope.status = "User Data Retrieve.";
09     });
10   };
11   $scope.getData = function(){
12     db.getData().then(function(response){
13       $scope.data = response;
14       $scope.status = "User Data Retrieve.";
15     });
16   };
17   $scope.updateUser = function(){
18     db.updateUser($scope.userInfo).then(function(response){
19       $scope.status = response.status;
20     });
21   };
22   $scope.updateData = function(){
23     db.updateData($scope.data).then(function(response){
```

```
24      $scope.status = response.status;
25    });
26  };
27  $scope.getUser();
28  $scope.getData();
29 }]);
```

代码清单 10-8：service_custom_sensor.html——AngularJS 模板，它将使用一系列<input>元素显示和更新从服务器中获取的数据

```
01 <!doctype html>
02 <html ng-app="myApp">
03 <head>
04  <title>AngularJS Custom Database Service</title>
05     <style>
06       label {
07         display: inline-block; width: 75px; text-align: right; }
08       td, tr {
09         width: 125px; text-align: right; }
10       p {
11         color: red; font: italic 12px/14px; margin: 0px;}
12       h3 {
13         margin: 5px; }
14     </style>
15 </head>
16 <body>
17  <h2>Custom Database Service:</h2>
18  <div ng-controller="myController">
19    <h3>User Info:</h3>
20    <label>First:</label>
21      <input type="text" ng-model="userInfo.first" /><br>
22    <label>Last:</label>
23      <input type="text" ng-model="userInfo.last" /><br>
24    <label>Username:</label>
25      <input type="text" ng-model="userInfo.username" /><br>
26    <label>Title:</label>
27      <input type="text" ng-model="userInfo.title" /><br>
28    <label>Home:</label>
29      <input type="text" ng-model="userInfo.home" /><br>
30    <input type= button ng-click="updateUser()" value="Update User" />
31    <input type= button ng-click="getUser()" value="Refresh User Info" />
32    <hr>
33    <p>{{status}}</p>
34    <hr>
35    <h3>Data:</h3>
36    <input type= button ng-click="updateData()" value="Update Data" />
37    <input type= button ng-click="getData()" value="Refresh Data Table" /><br>
38    <table>
39      <tr><th>Day</th><th>Time</th><th>Latitude</th><th>Longitude</th></tr>
40      <tr ng-repeat="datum in data">
41        <th>{{datum.day}}</th>
```

```
42          <td><input type="text" ng-model="datum.time" /></td>
43          <td><input type="text" ng-model="datum.latitude" /></td>
44          <td><input type="text" ng-model="datum.longitude" /></td>
45        </tr>
46      </table>
47      <hr>
48    </div>
49    <script src="http://code.angularjs.org/1.3.0/angular.min.js"></script>
50    <script src="js/service_custom_db_access.js"></script>
51    <script src="js/service_custom_db.js"></script>
52  </body>
53  </html>
```

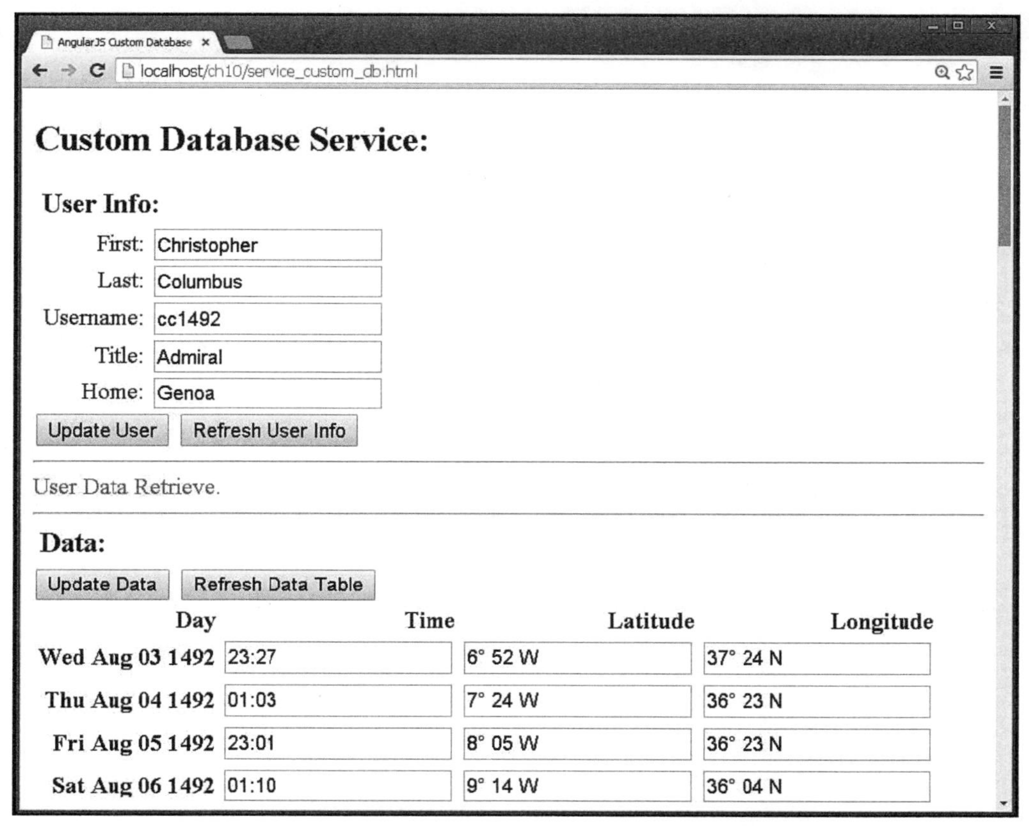

图 10-3　使用实现$http 的自定义 AngularJS 服务获取和更新服务器上的数据

10.3　小结

AngularJS自定义服务是可以使用依赖注入器注册的单例对象。当使用依赖注入器注册它们之后，控制器、指令和其他AngularJS组件，包括其他服务，都可以使用它们。AngularJS提供几个创建自定义服务的方法，它们的复杂度也各不相同。value和constant方法可以创建简单的服务。另一方面，factory和service方法允许你创建更加复杂的服务。

本章重点介绍帮助你实现自定义AngularJS服务的工具(当需要为应用提供基于任务的功

能时)。你已经学习了4种方法或者类型的自定义AngularJS服务，包括value、constant、factory和service。

本章展示了实现每种类型自定义AngularJS服务的示例。还展示了在多个控制器中实现自定义AngularJS服务的一个示例。本章最后一个示例展示了如何实现一个独立的自定义AngularJS服务，它将使用$http与服务器进行交互，以及如何在另一个模块中注入和使用它。

第11章

以AngularJS方式创建富Web应用组件

本书前10章一直在教你学习AngularJS应用不同组件的机制和基本实现。你已经学习了作用域/模型、视图、控制器、指令和服务。本章将略做调整，它只提供一些示例，用于帮助你熟悉如何在AngularJS中完成这些事情。

与普通JavaScript或者甚至jQuery要求的相比，AngularJS希望使用更多的结构。不过，也就是说，它仍然在框架内提供了许多灵活性。因此，尽可能从许多不同的角度来看如何在AngularJS中实现功能是一个好主意。

本章的示例并不优雅——不过，它们确实提供了许多不同的视角，帮助你了解自定义指令的实现和内置指令的使用。它们的目的不是为你提供立即可重用的代码，而是为你提供一些不同的观点，以及当开始设计自己的实现时，可以使用的一个基本框架。

本章使用的代码文件都列在小节的开头，如果已经从本书的配套网站下载了相应代码，那么这是易于理解的。

11.1 构建标签视图

在该示例中，你将构建两条自定义AngularJS指令，一条用作标签组，另一条用作标签组中的独立面板。本示例旨在演示如何在彼此中嵌套指令，以及如何在两条指令间通信。

本示例的文件夹结构如下所示。

- **./server.js**：提供静态项目文件的 Node.js Web 服务器。
- **./images**：包含示例所使用图像的文件。
- **./ch11**：项目文件夹。
- **./ch11/tabbable.html**：项目的 AngularJS 模板。
- **./ch11/tabs.html**：标签组的 AngularJS 部分模板。
- **./ch11/panel.html**：标签组中每个独立面板的 AngularJS 部分模板。
- **./ch11/js/tabbable.js**：支持自定义标签指令的 AngularJS 应用。

代码清单11-1中的代码显示tabbable.js AngularJS应用，它定义两条指令myTabs和myPane。注意，模板中使用的HTML来自于指令定义中templateUrl选项指定的部分文件。另外注意这里使用的嵌入选项，通过它可以在AngularJS模板中保持myPane元素的内容。

通过在myPane定义中使用myTabs指令，两条指令之间可以相互通信。这将使myTabs中定义的控制器被传入myPane的链接函数中。注意，在第30行可以调用addPane()函数将myPane指令的作用域添加到myTabs指令的列表中。使用myTabs控制器函数中的select()方法可以改变可见的标签。

代码清单 11-1：tabbable.js——AngularJS 应用，它定义两个可以嵌套的自定义指令用于提供标签面板视图

```
01 var app = angular.module('myApp', []);
02 app.directive('myTabs', function() {
03   return {
04     restrict: 'E',
05     transclude: true,
06     scope: {},
07     controller: function($scope) {
08       var panes = $scope.panes = [];
09       $scope.select = function(pane) {
10         angular.forEach(panes, function(pane) {
11           pane.selected = false;
12         });
13         pane.selected = true;
14       };
15       this.addPane = function(pane) {
16         if (panes.length == 0) {
17           $scope.select(pane);
18         }
19         panes.push(pane);
20       };
21     },
22     templateUrl: 'tabs.html'
23   };
24 });
25 app.directive('myPane', function() {
26   return { require: '^myTabs', restrict: 'E',
27     templateUrl: 'pane.html',
28     transclude: true, scope: { title: '@' },
29     link: function(scope, element, attrs, tabsCtrl) {
30       tabsCtrl.addPane(scope);
31     }
32   };
33 });
```

代码清单11-2中的代码包含AngularJS部分模板，它将被用作myTabs指令的替代品。注意，作用域中的panes值将用于添加标签(作为<span>元素添加到视图的顶部)。panes数组就是这样构建的：每个myPane元素都将被编译并链接到模板中。

代码清单 11-2：tabs.html——AngularJS 部分模板，它包含构建标签容器的模板代码

```
01 <div class="tabbable">
```

```
02   <div class="tabs">
03     <span class="tab" ng-repeat="pane in panes"
04         ng-class="{ activeTab:pane.selected} "
05         ng-click="select(pane)">{{pane.title}}
06     </span>
07   </div>
08   <div class="tabcontent" ng-transclude></div>
09 </div>?
```

代码清单11-3中的代码包含一个AngularJS部分模板，它被用作myPane指令的替代品。注意，当单击面板时，我们将使用ng-show显示和隐藏面板。ng-transclude特性将保证myPane元素中定义的内容包含在渲染视图中。

代码清单 11-3：pane.html——AngularJS 部分模板，它包含构建标签容器的独立面板的模板代码

```
01 <div class="pane"
02     ng-show="selected"
03     ng-transclude>
04 </div>
```

代码清单11-4显示一个支持myTabs和myPane指令的AngularJS模板。注意模板中所需元素的my-tabs和my-pane命名结构。对于本示例来说，只把图像添加到myPane元素中。这可能只是一系列复杂的元素，如表单或表。

图11-1显示了正常工作的Web页面。注意，当单击每个面板的标签时，内容也会随之改变。

代码清单 11-4：tabbable.html——AngularJS 模板，它实现 myTabs 和 myPane 自定义指令用于创建标签视图

```
01 <!doctype html>
02 <html ng-app="myApp">
03 <head>
04   <title>Tab and Tab Pane Directives</title>
05   <style>
06     .tab{
07       display:inline-block; width:100px;
08       border-radius: .5em .5em 0 0; border:1px solid black;
09       text-align:center; font: 15px/28px Helvetica, sans-serif;
10       background-image: linear-gradient(#CCCCCC, #EEEEEE);
11       cursor: pointer; }
12     .activeTab{
13       border-bottom: none;
14       background-image: linear-gradient(#66CCFF, #CCFFFF); }
15     .pane{
16       border:1px solid black; background-color: #CCFFFF;
17       height:300px; width:400px;
18       padding:10px;  margin-top:-2px;
19       overflow: scroll; }
20   </style>
21 </head>
```

```
22 <body>
23   <h2>AngularJS Custom Tabs</h2>
24   <my-tabs>
25     <my-pane title="Canyon">
26       <img src="/images/canyon.jpg" />
27     </my-pane>
28     <my-pane title="Lake">
29       <img src="/images/lake.jpg" />
30     </my-pane>
31     <my-pane title="Sunset">
32       <img src="/images/jump.jpg" />
33     </my-pane>
34   </my-tabs>
35   <script src="http://code.angularjs.org/1.3.0/angular.min.js"></script>
36   <script src="js/tabbable.js"></script>
37 </body>
38 </html>
```

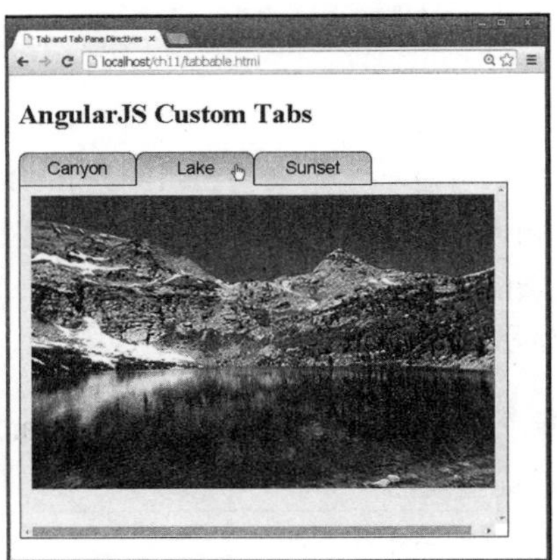

图 11-1　实现嵌套的自定义 AngularJS 指令构建标签面板视图

11.2　实现可拖放元素

在本示例中你将使用自定义AngularJS指令实现一组包含单词的可拖动元素，这些单词可以被拖曳到一组可释放的元素上。当单词被拖放到图像上时，它将被添加到图像下面出现的单词列表中。

本练习旨在展示一个使用HTML5拖放事件的示例。该示例将只使用事件和由AngularJS机制构建的实际拖放功能。这样做的原因是为了演示AngularJS的使用(另外，坦白地讲，HTML5拖放并未得到完美的实现并且需要修订)。本示例中演示的另一件事情是：在AngularJS指令中向现有元素中添加新元素。

本示例的文件夹结构如下所示。

- **./server.js**：提供静态项目文件的 Node.js Web 服务器。
- **./images**：包含示例中图像的文件夹。
- **./ch11**：项目文件夹。
- **./ch11/dragdrop.html**：项目的 AngularJS 模板。
- **./ch11/js/dragdrop.js**：支持自定义拖放指令的 AngularJS 指令。

代码清单11-5中的代码包含dragdrop.js应用，它定义两条自定义AngularJS指令dragit和dropit。注意，父作用域中定义dragStatus和dropStatus变量；这些变量将在自定义指令中更新。它们可以这样做，因为指令中并未定义隔离作用域，所以它们共享父控制器作用域。

注意，dragit指令使用attr()方法将HTML5 draggable特性添加到dragit元素中。另外，dragit指令中实现dragstart、drag和dragend事件处理程序。对于dragstart和drag事件，它们的默认行为是允许拖动开始，并触发dragenter/dragleave事件。不过，dragend并未阻止默认行为，于是自定义的AngularJS代码可以处理释放事件。

dropit指令中实现dragover、dragleave、dragenter和drop事件处理程序。注意，在drop中，将使用append方法把一个<p>元素追加到dropit元素中。该段落中的值来自作用域，并在dragit指令的dragstart过程中进行设置。同样地，这里可以这样做的原因是：指令中并未定义隔离作用域。

代码清单 11-5：dragdrop.js——AngularJS 应用，它实现 dragit 和 dropit 自定义 AngularJS 指令，用于提供拖动和释放功能

```
01 var app = angular.module('myApp', []);
02 app.controller('myController', function($scope) {
03   $scope.dragStatus = "none";
04   $scope.dropStatus = "none";
05   $scope.dropValue = "";
06 })
07 .directive('dragit', function($document, $window) {
08   function makeDraggable(scope, element, attr) {
09     angular.element(element).attr("draggable", "true");
10     element.on('dragstart', function(event) {
11       element.addClass('dragItem');
12       scope.$apply(function(){
13         scope.dragStatus = "Dragging " + element.html();
14         scope.dropValue = element.html();
15       });
16       event.dataTransfer.setData('Text', element.html());
17     });
```

```
18     element.on('drag', function(event) {
19       scope.$apply(function(){
20         scope.dragStatus = "X: " + event.pageX +
21                         " Y: " + event.pageY;
22       });
23     });
24     element.on('dragend', function(event) {
25       event.preventDefault();
26       element.removeClass('dragItem');
27     });
28   }
29   return {
30     link: makeDraggable
31   };
32 })
33 .directive('dropit', function($document, $window) {
34   return {
35     restrict: 'E',
36     link: function makeDroppable(scope, element, attr){
37       element.on('dragover', function(event) {
38         event.preventDefault();
39         scope.$apply(function(){
40           scope.dropStatus = "Drag Over";
41         });
42       });
43       element.on('dragleave', function(event) {
44         event.preventDefault();
45         element.removeClass('dropItem');
46         scope.$apply(function(){
47           scope.dropStatus = "Drag Leave";
48         });
49       });
50       element.on('dragenter', function(event) {
51         event.preventDefault();
52         element.addClass('dropItem');
53         scope.$apply(function(){
54           scope.dropStatus = "Drag Enter";
55         });
56       });
57       element.on('drop', function(event) {
58         event.preventDefault();
59         element.removeClass('dropItem');
60         scope.$apply(function(){
61           element.append('<p>' +
62               event.dataTransfer.getData('Text') + '</p>');
63           scope.dropStatus = "Dropped " + scope.dropValue;
64         });
65       });
66     }
67   };
68 });
```

代码清单11-6中的代码实现一个AngularJS模板，它将显示dragStatus和dropStatus值。注意，这里将使用<dragit>语法声明可拖动的元素，使用<dropit>语法声明可释放的元素。

图11-2显示了一个实际运行的AngularJS应用。把一个单词拖放到图像中，把它们添加到图像下方。另外要注意，拖动坐标和释放状态也将显示。

代码清单 11-6：dragdrop.html——AngularJS 模板，它将使用 dragit 和 dropit 指令将可拖动的和可释放的元素添加到 Web 页面中

```
01 <!doctype html>
02 <html ng-app="myApp">
03 <head>
04  <title>HTML5 Draggable and Droppable Directives</title>
05  <style>
06    dropit, img, p{
07      vertical-align: top; text-align: center;
08           width: 100px;
09           display: inline-block;
10         }
11         p {
12           color: white; background-color: black;
13           font: bold 14px/16px arial;
14      margin: 0px; width: 96px;
15      border: 2px ridge grey;
16      background: linear-gradient(#888888, #000000);
17         }
18         span{
19           display:inline-block; width: 100px;
20           font: 16px/18px Georgia, serif; text-align: center;
21           padding: 2px;
22           background: linear-gradient(#FFFFFF, #888888);
23         }
24         .dragItem {
25           color: red;
26      opacity: .5;
27         }
28    .dropItem {
29      border: 3px solid red;
30      opacity: .5;
31    }
32    #dragItems {
33      width: 400px;
34    }
35  </style>
36 </head>
37 <body>
38  <h2>HTML5 Drag and Drop Components</h2>
39  <div ng-controller="myController">
40    Drag Status: {{dragStatus}}<br>
41    Drop Status: {{dropStatus}}
42    <hr>
```

```
43    <div id="dragItems">
44        <span dragit>Nature</span>
45        <span dragit>Landscape</span>
46        <span dragit>Flora</span>
47        <span dragit>Sunset</span>
48        <span dragit>Arch</span>
49        <span dragit>Beauty</span>
50        <span dragit>Inspiring</span>
51      <span dragit>Summer</span>
52      <span dragit>Fun</span>
53    </div>
54    <hr>
55    <dropit><img src="/images/arch.jpg" /></dropit>
56    <dropit><img src="/images/flower.jpg" /></dropit>
57    <dropit><img src="/images/cliff.jpg" /></dropit>
58    <dropit><img src="/images/jump.jpg" /></dropit>
59   </div>
60   <script src="http://code.angularjs.org/1.3.0/angular.min.js"></script>
61   <script src="js/dragdrop.js"></script>
62 </body>
63 </html>
```

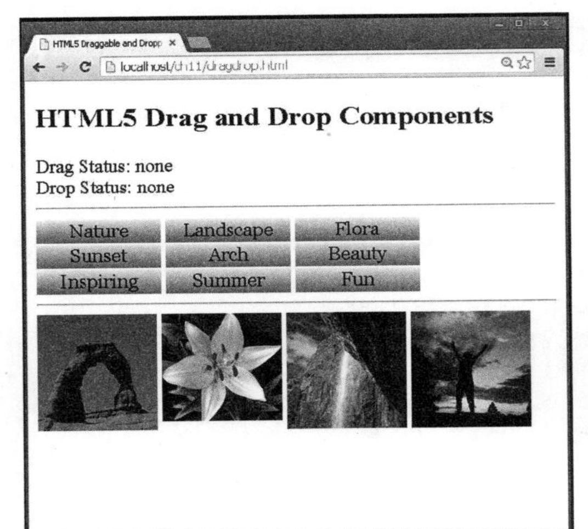

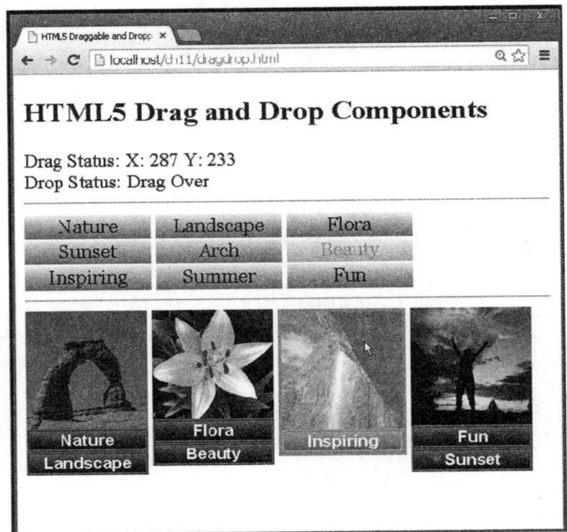

图 11-2　使用自定义 AngularJS 指令，在 Web 页面中提供拖放功能

11.3　为图片添加缩放视图区域

在本示例中，你将使用自定义AngularJS指令替代<img>元素，并提供一个自定义缩放视图区域，显示在页面上图像的旁边。当单击图像时，缩放视图区域将显示图像放大的部分。

本练习旨在展示AngularJS自定义指令是如何使用含有丰富功能的新元素扩展HTML的。本示例还将演示另一点：当希望使用完整版本的jQuery而不是jQuery Lite时，如何获得图像的大小和图像中鼠标的位置。

本示例的文件夹结构如下所示。

- **./server.js**：提供静态项目文件的 Node.js Web 服务器。
- **./images**：包含示例中图像的文件夹。
- **./ch11**：项目文件夹。
- **./ch11/zooming.html**：项目的 AngularJS 模板。
- **./ch11/zoomit.html**：包含图像和缩放视图区域元素定义的 AngularJS 部分模板。
- **./ch11/js/zooming.js**：支持自定义标签指令的 AngularJS 应用。

代码清单11-7中的代码实现zooming.js AngularJS应用，它定义自定义AngularJS指令zoomit。zoomit指令仅限于使用restrict：‘E’的元素。另外注意，把模板定义中的src特性注入scope中。

zoomit指令的功能在controller函数中实现。注意，它创建的对象zInfo包含background-image和background-position属性。作用域值zInf用于设置代码清单11-8中zoomit.html部分模板中的缩放视图区域的ng-style特性。设置background-image和background-position特性将把图像添加到背景中并定位缩放。

imageClick()函数将抑制默认的单击行为，然后作为jQuery对象获得event.target元素。在这里需要使用完整版本的jQuery获得页面中图片的height、width和当前offset。然后可以计算出从左面开始的百分比作为鼠标单击位置的posX，从上面开始的百分比作为鼠标单击位置的posY，然后相应地设置background-position样式。

代码清单 11-7：zooming.js——AngularJS 应用，它定义一条自定义指令 zoomit，该指令将使用缩放视图区域实现一个<img>元素

```
01 angular.module('myApp', [])
02 .controller('myController', [ '$scope', function($scope) {
03 }])
04 .directive('zoomit', function() {
05  return {
06    restrict: 'E',
07    scope: { src: '@'},
08    controller: function($scope) {
09       $scope.zInfo = {
10          "background-image": "url(" + $scope.src + ")",
11          "background-position": "top right"
12       };
13       $scope.imageClick= function(event){
14         event.preventDefault();
15         //使用完整版本的 jQuery 获得 offset、width 和 height
16         var elem = angular.element(event.target);
17         var posX = Math.ceil((event.pageX - elem.offset().left) /
18                         elem.width() * 100);
19         var posY = Math.ceil((event.pageY - elem.offset().top) /
20                         elem.height() * 100);
21         $scope.pos = posX + "% " + posY + "%";
22         $scope.zInfo[ "background-position"] = posX + "% " +
23                                        posY + "%";
24       };
25     },
```

```
26    link: function(scope, element, attrs) {
27     },
28    templateUrl: 'zoomit.html'
29  };
30 });
```

代码清单11-8中的代码实现zoomit.html部分模板，它添加一个<img>元素和一个<div>元素，它们将使用缩放图像作为背景。注意，把ng-click方法设置为作用域中的imageClick()函数，并传入$event作为参数。另外注意，把ng-style设置为作用域中的zInfo。

代码清单 11-8：zoomit.html——AngularJS 部分模板，它实现<img>元素和<div>元素，分别用于图像和缩放视图区域

```
01 <div>
02   <img src="{{src}}"
03       ng-click="imageClick($event)"/>
04   <div class="zoombox"
05       ng-style="zInfo"></div>
06 </div>
```

代码清单11-9包含AngularJS模板代码，它提供缩放视图区域和图像的样式。注意，<zoomit>元素的添加方式如其他元素一样，并且它的src特性的设置也与<img>元素的设置相同。另外注意，完整版本的jQuery库将在AngularJS库加载之前加载。

图11-3显示了Web页面中的图片和它们的视图区域。当单击图像的某个特定点时，缩放视图区域将更新。

代码清单 11-9：zooming.html——AngularJS 模板，提供样式并实现<zoomit>自定义 AngularJS 指令

```
01 <!DOCTYPE html>
02 <html  ng-app="myApp">
03  <head>
04    <title>Magnify</title>
05    <style>
06      .zoombox {
07        display: inline-block;
08        border: 3px ridge black;
09        width: 100px; height: 100px; }
10      img {
11        height: 200px;
12        vertical-align: top; }
13    </style>
14  </head>
15  <body>
16  <h2>Image Zoom Window</h2>
17  <div ng-controller="myController">
18    <zoomit  src="/images/flower.jpg"></zoomit>
19    <hr>
20    <zoomit  src="/images/arch.jpg"></zoomit>
21  </div>
```

```
22    </body>
23    <script
➥src="http://ajax.googleapis.com/ajax/libs/jquery/1.11.1/jquery.min.js"></script>
24    <script src="http://code.angularjs.org/1.3.0/angular.min.js"></script>
25    <script src="js/zooming.js"></script>
26 </html>
```

图 11-3　实现一条自定义 AngularJS 指令，它将提供一幅含有变焦取景器的图像

11.4　实现可展开和可折叠的元素

本示例将使用自定义AngularJS指令在Web页面中构建可展开和折叠的元素。每个元素都有一个标题和展开/折叠按钮(在顶部)。当单击折叠按钮时，元素的内容将隐藏。当单击展开按钮时，元素内容将再次显示。

本练习旨在巩固自定义AngularJS指令的实现，以及如何嵌套指令并与彼此通信。在本示例中，你将看到如何将作用域与控制器隔离，但在展开容器和容器元素之间共享。

本示例的文件结构如下所示。

- **./server.js：** 提供静态项目文件的 Node.js Web 服务器。
- **./images：** 包含示例中图像的文件夹。
- **./ch11：** 项目文件夹。
- **./ch11/expand.html：** 项目的 AngularJS 模板，它实现自定义的可展开指令。
- **./ch11/expand_list.html：** 可展开元素指令的 AngularJS 部分模板。
- **./ch11/expand_item.html：** 可展开元素中所有元素的 AngularJS 部分模板。
- **./ch11/js/expand.js：** 支持可展开元素指令的 AngularJS 应用。

代码清单11-10中的代码包含expand.js AngularJS应用，它定义expandList和expandItem自定义AngularJS指令。嵌入选项将用于保持模板中定义的内容。

注意，在expandList指令中，作用域是隔离的但它将接受title和exwidth特性，这两个特性分别设置为作用域中的title和listWidth。注意，第27行使用listWidth设置添加到展开列表中元素的样式宽度。另外，第34行将使用listWidth设置可展开列表的CSS width特性。

expandItem指令要求注入expandList指令，从而提供对expandList指令作用域中addItem()函数的访问。注意，myStyle特性用于构建样式对象，它将设置为被展开列表中元素的ng-style特性。

展开和折叠的工作方式是：使用代码清单11-11所示模板中的ng-hide将myHide值绑定到被展开列表中的所有元素。expandList作用域中的items属性将为每个添加的expandItem元素提供了一个作用域列表。然后当单击展开/折叠按钮时，只需要在collapse()函数中将所有元素作用域中的myHide值设置为true或false，即可在可展开元素中显示或隐藏元素。

代码清单 11-10：expand.js——AngularJS 应用，它实现 expandList 和 expandItem 自定义指令，用于提供可展开和可折叠的元素

```
01 angular.module('myApp', [])
02 .controller('myController', [ '$scope', function($scope) {
03   $scope.items = [ 1,2,3,4,5];
04 }])
05 .directive('expandList', function() {
06   return {
07     restrict: 'E',
08     transclude: true,
09     scope: {title: '@', listWidth: '@exwidth'},
10     controller: function($scope) {
11       $scope.collapsed = false;
12       $scope.expandHandle = "-";
13       items = $scope.items = [];
14       $scope.collapse = function() {
15         if ($scope.collapsed){
16           $scope.collapsed = false;
17           $scope.expandHandle = "-";
18         } else {
19           $scope.collapsed = true;
20           $scope.expandHandle = "+";
21         }
22         angular.forEach($scope.items, function(item) {
23           item.myHide = $scope.collapsed;
24         });
25       };
26       this.addItem = function(item) {
27         item.myStyle.width = $scope.listWidth;
28         items.push(item);
29         item.myHide=false;
30       };
31     },
32     link: function(scope, element, attrs, expandCtrl) {
33       element.css("display", "inline-block");
34       element.css("width", scope.listWidth);
35     },
36     templateUrl: 'expand_list.html',
```

```
37   };
38 })
39 .directive('expandItem', function() {
40   return {
41     require: '^expandList',
42     restrict: 'E',
43     transclude: true,
44     scope: {},
45     controller: function($scope){
46        $scope.myHide = false;
47        $scope.myStyle = { width: "100px", "display": "inline-block" };
48      },
49     link: function(scope, element, attrs, expandCtrl) {
50       expandCtrl.addItem(scope);
51     },
52     templateUrl: 'expand_item.html',
53   };
54 });
```

代码清单11-11包含AngularJS部分模板文件expand_list.html，该文件提供expandList元素的定义。添加展开列表头的元素(包括展开/折叠按钮和标题)。把expandItem元素添加到<div ng-transclude>元素中。

代码清单 11-11：expand_list.html——AngularJS 部分模板，它定义 expandList 元素

```
01 <div>
02     <div class="expand-header">
03         <span class="expand-button"
04               ng-click="collapse()">{{expandHandle}}</span>
05         {{title}}
06     </div>
07     <div ng-transclude></div>
08 </div>
```

代码清单11-12包含AngularJS部分模板expand_item.html，它提供可展开元素的定义。注意，ng-hide设置为作用域中的myHide变量，用于展开/折叠元素。ng-style设置为myStyle，这样就可以通过设置宽度扩展列表宽度。通过expand-item类，可以轻松地使用CSS改变元素外观。ng-transclude将用于把AngularJS模板定义中的内容添加到列表元素中。

代码清单 11-12：expand_item.html——AngularJS 部分模板，它定义 expandItem 元素

```
01 <div ng-hide="myHide"
02     ng-style="myStyle"
03     class="expand-item"
04     ng-transclude>
05 </div>
```

代码清单11-13实现一个AngularJS模板，它提供页面的样式和<expand-list>元素的定义。注意，这里定义4个不同的<expand-list>元素。第一个是一个简单的列表，这里的<expand-item>元素中只包含文本。下一个元素提供含有表单元素的单个<expand-item>元素。第三个是一个由多个<expand-item>元素组成的混合元素，每个<expand-item>元素都包含不同的HTML元素。最后一个只包含一个<img>元素。

注意，每个<expand-list>元素的title和exwidth特性值都不相同，这导致页面中出现不同标题和宽度的元素列表。图11-4显示了AngularJS应用的运行结果。注意元素的展开和折叠版本。

代码清单 11-13：expand.html——AngularJS 代码，它将设置目标元素的样式，并使用 expandList 和 expandItem 自定义指令实现可展开/可折叠元素

```
01 <!DOCTYPE html>
02 <html  ng-app="myApp">
03  <head>
04    <title>Expandable and Collapsible Lists</title>
05    <style>
06      * { vertical-align: top; }
07      expand-list{
08        border: 2px ridge black; }
09      .expand-header{
10        text-align: center;
11        font: bold 16px/24px arial;
12         background-image: linear-gradient(#CCCCCC, #EEEEEE);
13        }
14      .expand-button{
15        float: left; padding: 2px 4px;
16        font: bold 22px/16px courier;
17        color: white; background-color: black;
18        cursor: pointer;
19        border: 3px groove grey; }
20      .expand-item {
21        border: 1px ridge black;}
22      p { margin: 0px; padding: 2px;}
23      label { display: inline-block; width: 80px; padding: 2px; }
24      .small { width: 100px; padding: 2px; }
25      .large { width: 300px; }
26    </style>
27  </head>
28  <body>
29  <h2>Expandable and Collapsible Lists</h2>
30  <hr>
31  <div ng-controller="myController">
32    <expand-list title="Companion" exwidth="120px">
33      <expand-item>Rose</expand-item>
34      <expand-item>Donna</expand-item>
35      <expand-item>Martha</expand-item>
36      <expand-item>Amy</expand-item>
37      <expand-item>Rory</expand-item>
38    </expand-list>
39    <expand-list title="Form" exwidth="280px">
40      <expand-item>
41        <label>Name</label>
42        <input type="text" /><br>
```

```
43        <label>Phone</label>
44        <input type="text" /><br>
45        <label>Address</label>
46        <input type="text" /><br>
47        <label>Comment</label>
48        <textarea type="text"></textarea>
49      </expand-item>
50    </expand-list>
51    <hr>
52    <expand-list title="Mixed List" exwidth="300px">
53      <expand-item>Text Item</expand-item>
54      <expand-item><p>I think therefore I am.</p></expand-item>
55      <expand-item>
56        <img class="small" src="/images/jump.jpg" />Sunset
57      </expand-item>
58      <expand-item>
59        <ul>
60          <li>AngularJS</li>
61          <li>jQuery</li>
62          <li>JavaScript</li>
63        </ul>
64      </expand-item>
65    </expand-list>
66    <expand-list title="Image" exwidth="300px">
67      <expand-item>
68        <img class="large" src="/images/lake.jpg" />
69      </expand-item>
70    </expand-list>
71  </div>
72  </body>
73  <script src="http://code.angularjs.org/1.3.0/angular.min.js"></script>
74  <script src="js/expand.js"></script>
75 </html>
```

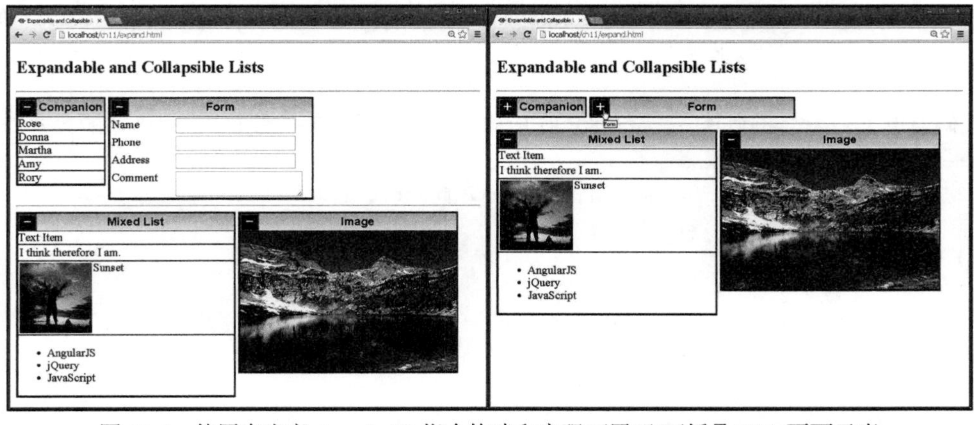

图 11-4　使用自定义 AngularJS 指令构建和实现可展开/可折叠 Web 页面元素

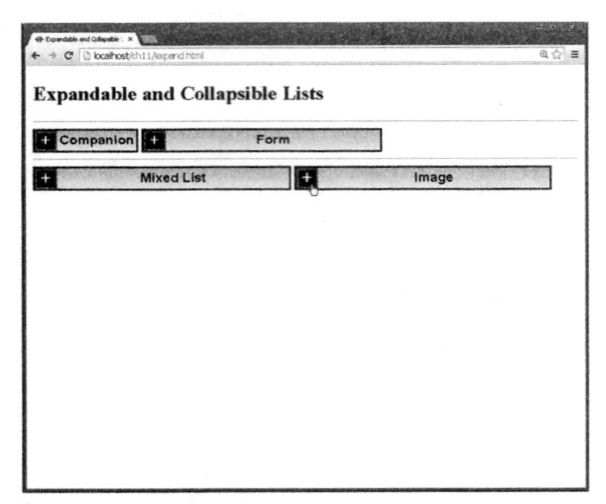

图 11-4 使用自定义 AngularJS 指令构建和实现可展开/可折叠 Web 页面元素(续)

11.5 在元素中添加星级

在本示例中，你将会通过AngularJS作用域、控制器和视图实现一个为图像添加星级的元素。当单击星星时，作用域中的评级和星星的数量都会改变。

本练习仅仅为了提醒你在不使用自定义指令的情况，在基本AngularJS模板使用数据绑定和视图交互所能完成的功能。

本示例的文件夹结构如下所示。

- **./server.js**：提供静态项目文件的 Node.js Web 服务器。
- **./images**：包含示例中图像的文件夹。
- **./ch11**：项目文件夹。
- **./ch11/rating.html**：项目的 AngularJS 模板，它实现元素的简单星级评定。
- **./ch11/js/rating.js**：AngularJS 应用，它定义支持星级评定的元素。

代码清单11-14中的代码实现rating.js AngularJS应用。注意，这里使用的数据来自$scope.items。而其中的数据可能来自于服务、数据库或者另一个源。模板将使用$scope.items数组显示Web页面中的星星。控制器代码中唯一需要的函数就是adjustRating，当用户单击星星改变星级时将会调用该函数。

代码清单 11-14：rating.js——AngularJS 应用，它提供用于支持视图中星级评定的数据和功能

```
01 angular.module('myApp', [])
02 .controller('myController', [ '$scope', function($scope) {
03   $scope.stars = [1,2,3,4,5];
04   $scope.items = [
05       {
06         description: "Delicate Arch",
07         img: "/images/arch.jpg",
08         rating: 3},
09       {
10         description: "Silver Lake",
11         img: "/images/lake.jpg",
12         rating: 4},
```

```
13      {
14        description: "Yellowstone Bison",
15        img: "/images/bison.jpg",
16        rating: 4}
17    ];
18   $scope.adjustRating = function(item, value){
19     item.rating = value;
20   };
21 }]);
```

代码清单11-15实现一个AngularJS模板，它将遍历作用域中的items数组，构建含有描述和星级的图片元素。注意，为了构建星星列表，ng-repeat将会使用作用域中的stars数组。

另外注意，第31行将决定显示的星星是否是空白的，ng-class特性将根据元素rating(比星星索引大)进行设置。使用ng-click特性将每个星星上的鼠标单击绑定到作用域中的adjustRating()函数，用于为该元素设置星级。

图11-5显示了最终Web页面。注意，当单击星星时，评定和星星的显示都将改变。

代码清单 11-15：rating.html——AngularJS 模板，它将使用作用域中的数据显示含有描述和星级的图像列表

```
01 <!DOCTYPE html>
02 <html  ng-app="myApp">
03  <head>
04    <title>Ratings</title>
05    <style>
06      img {
07        width: 100px; }
08      .star {
09        display: inline-block;
10        width: 15px;
11        background-image: url("/images/star.png");
12        background-repeat: no-repeat;
13      }
14      .empty {
15        display: inline-block;
16        width: 15px;
17        background-image: url("/images/empty.png");
18        background-repeat: no-repeat;
19      }
20    </style>
21  </head>
22  <body>
23  <h2>Images With Ratings</h2>
24  <hr>
25  <div ng-controller="myController">
26    <div ng-repeat="item in items">
27      <img ng-src="{{item.img}}" />
28      {{item.description}}<br>
29      Rating: {{item.rating}} stars<br>
30      <span ng-repeat="idx in stars"
```

```
31            ng-class=
32              "{ true: 'star', false: 'empty'}[ idx <= item.rating] "
33            ng-click="adjustRating(item, idx)"> 
34        </span>
35        <hr>
36      </div>
37    </div>
38    </body>
39    <script src="http://code.angularjs.org/1.3.0/angular.min.js"></script>
40    <script src="js/rating.js"></script>
41  </html>
```

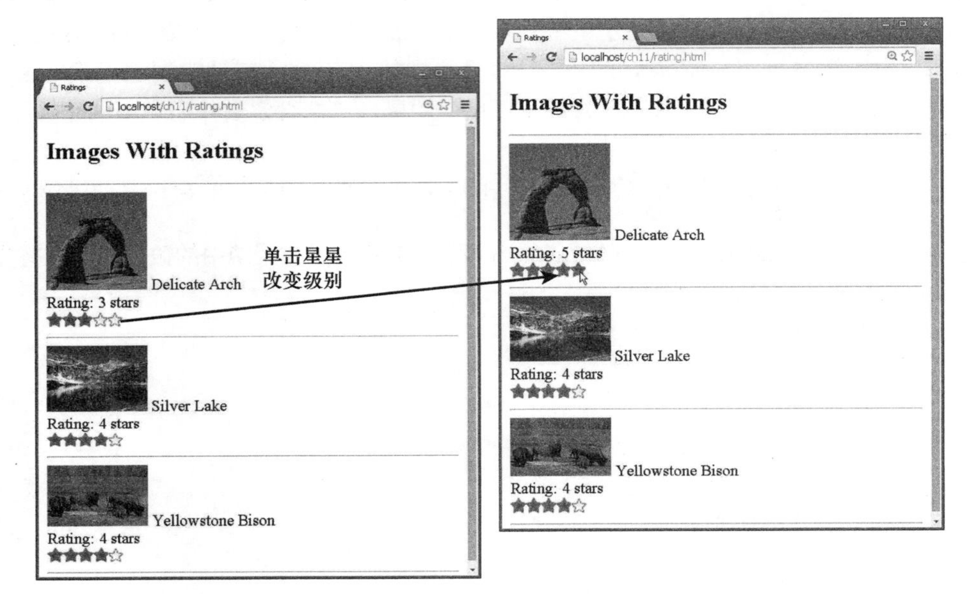

图 11-5　使用 AngularJS 作用域数据、控制器代码和模板视图在元素中实现简单的星级评定

11.6　小结

AngularJS提供许多工具，通过在模板中使用内置和自定义指令来扩展HTML的功能。本章介绍了在页面中以简单、结构化的方式实现富交互元素的几种不同方式。

本章还介绍了几条自定义指令。标签面板和可展开/可折叠示例展示了实现指令的不同方式——彼此嵌套并彼此进行交互。拖放示例展示了一种与HTML5拖放事件交互的方式，以及在控制器和自定义之间共享作用域的方式。星级评定示例展示了如何只使用AngularJS作用域、控制器和模板构建交互元素。缩放视图区域示例展示了如何将一个HTML <img>元素的概念扩展到一个包含额外缩放元素的元素中(它将与图像中的鼠标单击进行交互)。

本书到此为止就结束了。我希望你如我一样喜欢AngularJS的学习过程。我喜欢AngularJS，因为它可以帮助我们轻松地编写结构化代码。使用AngularJS，所有东西都可以当作视图、指令、控制器、服务或者数据模型的一部分。在阅读完本书之后，你应该对AngularJS框架有了深入的了解，这样你就能够相信自己可以深入学习和编写自己的AngularJS应用了。享受编码生活吧！

附录 A

测试 AngularJS 应用

所有AngularJS项目的一个重要部分(如果不是最重要的部分的话)就是测试。良好的测试为你提供了自由修改、调整和扩展AngularJS应用的能力，并且不会引起严重的并发症和问题。这些年我听到过几种类型的测试。本附录只希望讨论一下单元测试和端到端测试，以及它们与AngularJS的关系。

该附录被设计得更像是一个AngularJS应用测试的信息简介。就绝大部分内容而言，本附录将通过一些示例对概念进行了讨论，然后指出一些可以获得额外信息的位置。这样做的原因是：AngularJS应用的测试方法并不止一种。你的测试策略应该是基于个人环境、技能、预算和应用的特定需求制定的。

A.1 决定测试平台

有几种不同的平台可用于测试JavaScript应用。选择哪种平台可能取决于工程师熟悉哪种平台、预算有多少、需要使用哪种框架或者你已经在使用哪种平台。

这些都是非常现实和重要的顾虑，需要根据这些顾虑做出决策。因此，AngularJS小组似乎更倾向于使用Jasmine作为它们的单元测试框架。这是合理的。Jasmine是一个提供了大量功能并且不会妨碍测试的框架。而对于端到端测试来说，需要使用Protractor，它也将使用Jasmine语法用于测试。

你应该花一些时间评估你决定使用的框架，因为你可能会需要使用它一段时间。可以在维基百科中找到一个较知名的JavaScript测试框架的列表，网址为http://en.wikipedia.org/wiki/List_of_unit_testing_frameworks#JavaScript。

在决定了测试平台后，你还需要了解如何使用各种不同的测试概念(例如测试前构建工作、测试后清除、模拟对象和服务)，该附录的剩余内容将会讲解这些概念。

A.2 了解 AngularJS 单元测试

AngularJS应用的单元测试非常类似于其他框架的单元测试。本附录不会详细讲解单元测试的细节内容，因为它是特定于框架的。相反，我将会讨论单元测试的某些方面以及它们是如何在AngularJS机制中应用的。

这里我提供的许多信息也可以在AngularJS文档中找到。我已经将URL添加到了这里的AngularJS单元测试文档中，用于为你提供一些额外的想法：

https://docs.angularjs.org/guide/unit-testing

A.2.1 依赖和单元测试

依赖是AngularJS中使用最广泛的机制之一。从依赖注入到全局服务，到处都可以看到它。但是当开始使用单元测试时，这可能会引起问题，因为你并不是真正希望在单元测试中测试依赖的所有功能。相反，你希望获得依赖，并使用自己的模拟对象和服务控制它。

控制器依赖注入有四种方法：

- 使用 new 运算符创建自己的依赖实例。
- 将依赖创建为全局对象，然后可以在任何地方查找它。
- 注册该对象。这种方法也要求你能够访问注册表，这也意味着需要将它添加到全局位置。
- 将依赖传递给你。

接下来将描述AngularJS中的这些依赖注入方法。

1. 使用 new 运算符

请考虑下面的函数，并假设MyService是一个全局服务(可以创建一个它的实例)：

```
function MyClass() {
  this.doSomething = function() {
    var gSrv = new MyService();
    var data = sSrv.getSomething();
  }
}
```

为了控制MyService，需要使用下面的代码：

```
var savedMyService = MyService;
MyService = function MockMyService() {};
var myClass = new MyClass();
myClass.doSomething();
MyService = savedMyService;
```

这种方法可以工作；不过，如果某处出错，你可能会面临丢失MyService句柄的风险，所以需要小心。

2. 使用全局查询

这类似于使用new运算符。请考虑下面的函数，并假设global.myService是一个需要使用的MyService服务的单例实例：

```
function MyClass() {
```

```
  this.doSomething = function() {
    var data = global.myService.getSomething();
  }
}
```

为了控制MyService，需要使用下面的代码：

```
var savedMyService = global.myService;
global.myService = function MockMyService() {};
var myClass = new MyClass();
myClass.doSomething();
global.myService = savedMyService;
```

再次，这种方式也可以正常工作，不过，如果某处出错，那么你可能面临丢失global.myService句柄的风险，所以需要小心。

3. 从注册表申请依赖

请考虑下面的函数，并假设global.serviceRegistry是注册表的一个单实例，并且注册了MyService服务：

```
function MyClass() {
  this.doSomething = function() {
    var myService = global.serviceRegistry.get('MyService');
    var data = myService.getSomething();
  }
}
```

为了控制MyService，需要使用下面的代码：

```
var savedRegistry = global.serviceRegistry;
//create new globel.serviceRegistry
global.serviceRegistry.set('MyService', function MockMyService() {});
var myClass = new MyClass();
myClass.doSomething();

global.serviceRegistry = savedRegistry;
```

再次，这种方式也可以正常工作，不过，如果某处出错，那么你可能面临丢失global.serviceRegistry句柄的风险，所以需要小心。

4. 将依赖传递为参数

我先介绍了三种方法，这是为了让你在看到传递参数方法时，可以判断出这才是你真正应该使用的方式。你应该尝试设计自己的依赖使用，这样依赖才可以被传入到使用者中。通过这种方式，你就可以轻松地在测试中控制依赖了。

现在，请考虑下面的函数，并假设myService是经常被传入的一个服务实例：

```
function MyClass() {
  this.doSomething = function(myService) {
    var data = myService.getSomething();
  }
}
```

为了控制MyService，所有需要做的就是：

```
var mockedService = function MockMyService() {};
var myClass = new MyClass();
myClass.doSomething(mockedService);
```

A.2.2 使用绑定到作用域数据的用户输入来测试控制器

AngularJS在测试绑定到控制器作用域的HTML元素时是非常简单的。这是因为值被存储在作用域中，我们可以轻松地在控制器中引用它们。

请考虑下面这个含有单个<input>文本元素的Web页面，它有一个后端功能需要测试：我们要验证它是非空的，并且长度少于10个字符。

```
<body>
  Data: <input type="text" />
</body>
```

后端代码应该会如下所示：

```
function InputCtrl(){
  var input = $('input');
  var val = input.val();
  this.verify = function(){
    if (val.length > 0 $$ val.length < 10){
      return true;
    } else {
      return false;
    };
  }
}
```

为测试该功能，需要真正地创建输入元素并将它注入Web页面中，类似于下面的代码：

```
var input = $('<input type="text"/>');
$('body').html('<div>')
   .find('div')
     .append(input);
var pc = new InputCtrl();
input.val('abc');
var result = pc.verify ();
expect(result).toEqual(true);
$('body').empty();
```

如果你仔细考虑这段代码的话，当测试涉及更多的输入元素时该代码可能会变得非常混乱。在AngularJS中，如果输入元素的值被绑定到了作用域，那么就简单多了。下面的代码显示了AngularJS控制器的定义，该文本输入的值被绑定到$scope.inStr：

```
function InputCtrl($scope){
  $scope.inStr = '';
  $scope.verify = function(){
```

```
    if ($scope.inStr.length > 0 $$ $scope.inStr.length < 10){
      return true;
    } else {
      return false;
    };
  }
}
```

现在该测试看起可能类似于下面的代码：

```
var $scope = {};
var mc = $controller('InputCtrl', { $scope: $scope });
$scope.inStr = 'abc';
var result = $scope.verify();
expect(result).toEqual(true);
```

无论什么时候，你都应该可以在控制器中看到绑定到作用域变量的输入值。

A.2.3　测试筛选器

如果自定义筛选器非常直观的话，那么在AngularJS中测试它们是非常简单的。为了演示这一点，请考虑下面的自定义筛选器和测试：

```
myModule.filter('nospace', function() {
  return function(text){
    return text.replace(' ', '');
  }
});
var nospace = $filter('nospace');
expect(nospace('my words')).toEqual('mywords');
```

A.2.4　测试简单指令

由于自定义HTML标签、属性、类或者注释中所封装功能的复杂性，在AngularJS中测试自定义指令是非常重要的。单元测试是完成指令测试的最佳方式，因为它们可以涵盖到自定义元素的各种使用方式。

对于简单指令，你首先需要使用$compile方法编译对象，然后使用$digest()方法触发作用域中的所有监视器，保证表达式都将被执行。另外，如果你正在运行多个测试，那么你应该创建模块，并使用测试前构建方法将$compile和$rootScope注入到每个测试中。

为演示这一点，请考虑下面这个在模板中使用的自定义指令two-plus-two：

```
<two-plus-two></two-plus-two>
```

该指令的控制器代码如下所示：

```
var app = angular.module('myApp', []);
app.directive('twoPlusTwo', function () {
    return {
        restrict: 'E',
```

```
        replace: true,
        template: '<h1>Two Plus Two is {{  2 + 2 }} </h1>'
    };
});
```

为了演示控制器的测试，我需要选择一个测试框架。下面的代码展示了一个Jasmine测试的示例，用于测试自定义指令的功能。注意myApp模块、$compile和$rootScope如何使用beforeEach()注入到所有测试中，以及如何使用$compile和$digest来编译和呈现元素并计算表达式。

```
describe('Unit testing addition', function() {
  var $compile;
  var $rootScope;
  beforeEach(module('myApp'));
  beforeEach(inject(function(_$compile_, _$rootScope_){
    $compile = _$compile_;
    $rootScope = _$rootScope_;
  }));
  it('Adds element and handles filter', function() {
    var element = $compile("<two-plus-two></two-plus-two>")($rootScope);
    $rootScope.$digest();
    expect(element.html()).toContain("Two Plus Two is 4");
  });
});
```

A.2.5 测试使用内嵌的自定义指令

如果你正在测试包含内嵌(transclusion)的自定义AngularJS指令，那么你还需要知道一些额外的事情。使用内嵌的指令将被编译器加以特殊处理：指令元素的内容被移除，并在它们的编译函数调用之前通过内嵌函数提供。只有这样，指令的模板才会被添加到指令的元素中。此时它就可以插入已内嵌的内容了。

我知道这里有许多内容需要掌握，所以下面讲解了当使用transclude: true时，这个过程是如何执行的。下面是编译前的元素：

```
<div translude-directive>
  "transcluded content"
</div>
```

下面是内嵌提取之后的元素：

```
<div transclude-directive></div>
```

下面是编译之后的结果：

```
<div transclude-directive>
  "template content"
  <span ng-transclude>"transcluded content"</span>
</div>
```

当使用transclude: 'element'时，它的处理过程如下所示。编译器将从DOM中移除该指令的所有元素，并使用注释代码替代它。然后编译器将把指令的模板作为同级内容添加到注释代码：

```
<div element-transclude>
  "transclude content"
</div>
```

在内嵌提取之后：

```
<!-- elementTransclude -->
```

在编译之后：

```
<!-- elementTransclude -->
<div element-transclude>
  "template content"
  <span ng-transclude>"transcluded content"</span>
</div>
```

需要单独指出这一点的原因是：在测试使用'element'内嵌的指令时要进行特殊处理。当在DOM片段的根元素上定义指令时，$compile将会返回注释节点，你将失去访问模板和内嵌内容的能力。下面的测试脚本展示了这一点：

```
var node = $compile('<div element-transclude></div>')($rootScope);
expect(node[ 0] .nodeType).toEqual(node.COMMENT_NODE);
expect(node[ 1] ).toBeUndefined();
```

测试这种指令的方式是：当为自定义指令使用transclude: 'element'参数时，务必将内嵌指令封装在另一个元素(例如<div>)中。例如：

```
var node = $compile('<div><div element-transclude></div></div>')($rootScope);
var contents = node.contents();
expect(contents[ 0] .nodeType).toEqual(node.COMMENT_NODE);
expect(contents[ 1] .nodeType).toEqual(node.ELEMENT_NODE);
```

A.2.6 测试使用了外部模板的指令

AngularJS的开发成员有点押注于这一点的意思。如果你使用的自定义AngularJS指令通过templateUrl参数的方式使用了外部模板，那么他们的建议是：使用一些类似于karma-ng-html2js-preprocessor这样的工具预编译HTML模板，从而避免在测试过程中通过HTTP下载它们。

可从以下网址获得karma-ng-html2js-preprocessor：

https://github.com/karma-runner/karma-ng-html2js-preprocessor

A.2.7 了解 AngularJS 端到端测试

我确实喜欢为Web应用使用端到端测试；不过，依我看来它被使用得有点过于频繁了(如果不只是测试的话)。一般情况下，端到端测试都是验证系统的优秀方法，但对于AngularJS应用测试中的大多数需求来说，你都应该使用单元测试。

之前已经讲过了，你还应该考虑实现一些端到端测试，它可以捕捉回归测试问题并对系统的整体功能进行测试。端到端测试也可以暴露出某些系统局限性问题，例如网络或者数据库带宽。

AngularJS开发成员已经创建了一个名为Protractor的工具，通过它可以实现AngularJS应用的端到端测试。Protractor是一个Node.js程序，它将会运行以JavaScript编写的端到端测试。它将使用WebDriver控制浏览器和模拟用户操作。Protractor的语言语法是基于Jasmine的，所以如果你对Jasmine非常熟悉，应该能够快速掌握它。

Protractor的端到端测试概念是：可以使用Jasmine代码在测试环境中创建特定的测试，然后使用WebDriver通过Web浏览器为应用提供输入，再验证结果。

端到端测试随着环境、设计、技术和其他可变因素的变化而变化，所以我不会在这里进行详细讲解。不过，我建议当尝试在AnuglarJS应用中实现端到端程序时，可以访问下面的链接：

https://docs.angularjs.org/guide/e2e-testing
https://github.com/angular/protractor/blob/master/docs/getting-started.md
https://code.google.com/p/selenium/wiki/GettingStarted